DA ANSIEDADE À CRIATIVIDADE EM MATEMÁTICA
de Bolso

Reflexões para atenuar a ansiedade e favorecer o surgimento da criatividade em Matemática

Luiz Roberto Dante

1ª Edição | 2021

© Arco 43 Editora LTDA. 2021
Todos os direitos reservados
Texto © Luiz Roberto Dante

Presidente: Aurea Regina Costa
Diretor Geral: Vicente Tortamano Avanso
Diretor Administrativo
Financeiro: Dilson Zanatta
Diretor Comercial: Bernardo Musumeci
Diretor Editorial: Felipe Poletti
Gerente de Marketing
e Inteligência de Mercado: Helena Poças Leitão
Gerente de PCP
e Logística: Nemezio Genova Filho
Supervisor de CPE: Roseli Said
Coordenadora de Marketing: Livia Garcia
Analista de Marketing: Miki Tanaka

Realização

Direção Editorial: Helena Poças Leitão
Texto: Luiz Roberto Dante
Revisão: Texto Escrito
Direção de Arte: Miki Tanaka
Projeto Gráfico e Diagramação: Miki Tanaka
Coordenação Editorial: Livia Garcia

```
Dados Internacionais de Catalogação na Publicação (CIP)
         (Câmara Brasileira do Livro, SP, Brasil)

   Dante, Luiz Roberto
      Da ansiedade à criatividade em matemática de
   bolso : reflexões para atenuar a ansiedade e
   favorecer o surgimento da criatividade em
   matemática / Luiz Roberto Dante. -- 1. ed. --
   São Paulo : Arco 43, 2021. -- (De bolso)

      Bibliografia
      ISBN 978-65-86987-02-7

      1. Matemática - Estudo e ensino I. Título
   II. Série.

21-82142                                      CDD-510.7
```

Índices para catálogo sistemático:

1. Matemática : Estudo e ensino   510.7

Aline Graziele Benitez - Bibliotecária - CRB-1/3129

3ª impressão, 2022
Impressão: Gráfica Meltingcolor

Rua Conselheiro Nébias, 887 – Sobreloja
São Paulo, SP – CEP: 01203-001
Fone: +55 11 3226 -0211
www.editoradobrasil.com.br

DA ANSIEDADE À CRIATIVIDADE EM MATEMÁTICA
de Bolso

Reflexões para atenuar a ansiedade e favorecer o surgimento da criatividade em Matemática

Luiz Roberto Dante

Luiz Roberto Dante

Licenciado em Matemática pela Unesp de Rio Claro; mestre em Matemática pela USP de São Carlos; doutor em Psicologia da Educação pela PUC de São Paulo; livre docente em Educação Matemática pela Unesp de Rio Claro; palestrante em congressos em treze países. Ex-presidente da Sociedade Brasileira de Educação Matemática; ex-secretário executivo do Comitê Interamericano de Educação Matemática; um dos redatores dos Parâmetros Curriculares Nacionais (PCN) de Matemática para o MEC. Autor de livros didáticos e paradidáticos de Matemática desde a educação infantil até o ensino médio.

Dedicatória

Homenagem ao Prof. Dr. Hassler Whitney (*in memorian*), matemático americano que influenciou muito a minha formação em Educação Matemática e lutou, internacionalmente, para erradicar a ansiedade matemática das escolas.

"Quando as crianças são livres para utilizar uma grande variedade de métodos, seus poderes criativos crescem."
(Whitney)

Sumário

INTRODUÇÃO **11**

1 ANSIEDADE MATEMÁTICA **13**

   1.1 O que é ansiedade matemática e como ela se manifesta 13

   1.2 Possíveis fatores que desencadeiam a ansiedade matemática................18

   1.3 Origens da ansiedade matemática...26

   1.4 Como reverter a ansiedade matemática 30

2 CRIATIVIDADE **43**

   2.1 Começando a entender 43

   2.2 Criatividade na Base Nacional Comum Curricular (BNCC)...................44

   2.3 Afinal, o que é criatividade? 47

   2.4 O pensamento criativo..50

   2.5 Criatividade e Matemática 53

   2.6 Desenvolvendo a criatividade e a intuição com a Geometria 62

   2.7 Criatividade na educação em geral...68

   2.8 Como estimular a criatividade de alunos em Matemática....................69

   2.9 Atividades que podem estimular a criatividade de estudantes em Matemática: sugestões a docentes...74

      2.9.1 Despertar curiosidade...76

      2.9.2 Estimular a imaginação...78

      2.9.3 Fluência, flexibilidade, originalidade e elaboração 80

         2.9.3.1 Falando sobre miniprojetos.....................................91

REFLEXÕES FINAIS...**95**

REFERÊNCIAS..**97**

INTRODUÇÃO

Nos diversos níveis de ensino, há estudantes que sentem muito desconforto e ansiedade com situações que exigem conceitos e procedimentos matemáticos. Especialistas da área da Psicologia e também da Educação Matemática, estudam esse fenômeno há décadas e resolveram denominá-lo de **ansiedade matemática** ou **ansiedade em relação à Matemática**, que é um tipo específico de ansiedade. Ela envolve sentimentos de tensão, preocupação e apreensão referentes a situações que envolvem a Matemática.

Por outro lado, outros especialistas dedicaram suas pesquisas e estudos para entender e descrever o que é a **criatividade**, o que é **criatividade em Matemática** e como estimulá-la em nossas escolas.

Na perspectiva da nossa vivência em Educação Matemática nas últimas décadas, faremos uma tentativa de, com base no que é a ansiedade matemática e suas origens, apontar caminhos para atenuá-la, impedindo seu desenvolvimento. Em seguida, apresentamos subsídios que possam estimular a criatividade de estudantes por meio do ensino da Matemática. É como se fosse uma tentativa de construir uma "ponte" que pretende ligar algo não desejável, a ansiedade matemática, a algo bastante desejável, a criatividade no ensino da Matemática.

1 ANSIEDADE MATEMÁTICA

Inicialmente apresentaremos a definição do que é ansiedade matemática, como ela se manifesta, os possíveis fatores que a desencadeiam e suas origens. Por fim, trazemos algumas sugestões para reverter o quadro desse tipo de ansiedade.

1.1 O que é ansiedade matemática e como ela se manifesta

O nervosismo exacerbado do aluno; o sentimento de tensão emocional, de medo, preocupação; a apreensão e a insegurança diante de uma avaliação, de um problema, de uma lista de exercícios, ou quando precisa executar uma tarefa de Matemática diante de colegas, são sinais iniciais de um distúrbio, de uma fobia específica que alguns especialistas chamam de **ansiedade matemática**. Tais atividades matemáticas são associadas a sentimentos de fracasso ou experiências desagradáveis do passado, o que gera esse tipo de ansiedade.

Pesquisas em Psicologia e Neurociência mostram que a ansiedade matemática pode levar a uma queda no desempenho em Matemática. Segundo Buckley (2013, p. 1, tradução nossa):

> Um outro impacto de longo prazo da ansiedade matemática é o desenvolvimento de uma atitude negativa em relação ao assunto. Indivíduos ansiosos evitarão disciplinas, cursos e carreiras que envolvam matemática. Tal evasão pode limitar as oportunidades e os planos de carreira dos alunos.

A autora Sarah Buckley ainda afirma que:

> Há um equívoco comum de que a Matemática só é importante para pessoas com interesses profissionais em áreas como engenharia, negócios e ciências quando, na verdade, é uma disciplina que fornece habilidades de pensamento inestimáveis para a vida cotidiana (BUCKLEY, 2013, p. 2, tradução nossa).

Há várias definições de ansiedade matemática que, na verdade, são equivalentes. Vejamos algumas delas. A Ansiedade Matemática é "o estado de medo, tensão e apreensão quando indivíduos se envolvem com a Matemática" (ASHCRAFT, 2002, p. 181).

> A ansiedade matemática é caracterizada por sentimentos de tensão e ansiedade que impedem a manipulação de números e afeta de forma negativa a capacidade dos estudantes de completar os cursos básicos de Matemática ou cursos avançados de Matemática/Ciências (GRAYS et al., 2017, p.180, tradução nossa).

E, ainda: "[...] um sentimento de tensão e ansiedade que interfere na manipulação dos números e na resolução de problemas matemáticos na vida e em situações acadêmicas" (RICHARDSON; SUINN, 1972 *apud* DOWKER, 2019, p. 62, tradução nossa).

Freedman (2003) a descreve como sendo uma reação emocional à disciplina de Matemática, baseada em experiências desagradáveis do passado, o que acaba por prejudicar, assim, a aprendizagem futura.

No que tange às consequências da ansiedade matemática, Rossnan (2006), explica que: "A ansiedade matemática pode afetar muito o sucesso de uma criança ao longo da sua educação e sua vida futura". E prossegue: "A ansiedade matemática é real e pode acontecer a qualquer pessoa em qualquer idade, independentemente de sua habilidade matemática" (p. 1, tradução nossa).

A ansiedade matemática é consequência de estímulos aversivos e pode se manifestar com reações emocionais, como pensamentos depreciativos "eu odeio Matemática", "não vou conseguir resolver isso" etc. É possível haver até reações físicas (transpiração excessiva nas mãos, aceleração das batidas do coração, dores de cabeça, um "frio na barriga" etc.) ou reações comportamentais (evitar, esquivar, fugir ou adiar, a todo custo, situações que envolvem conhecimentos matemáticos para não confrontar com estimulação aversiva). De acordo com Carmo (2011):

> [...] o indivíduo com dificuldades em matemática poderá vivenciar um quadro de sofrimento e de baixa autoestima, que pode se tornar crônico levando-o a desistir do contato com a matemática. Ao sair da escola básica, esse

> indivíduo poderá continuar evitando tal contato ao escolher uma profissão ou um curso superior que supostamente não exigirá dele o uso de conhecimentos de matemática (p. 211).

Uma pesquisa realizada pelo Centro de Neurociência em Educação, da Universidade de Cambridge, no Reino Unido, financiada pela Fundação Nuffield, publicada em 2019, dá conta de que a ansiedade matemática, embora associada a dificuldades cognitivas, é um problema predominantemente emocional e pode atingir crianças a partir dos seis anos de idade e piorar nos anos seguintes. Ela pode iniciar nos primeiros cálculos de adição e subtração e piorar no ensino médio, próximo à época dos vestibulares. Essa pesquisa, realizada com 2.700 estudantes italianos e britânicos da educação básica (ensino fundamental e médio), inclusive com entrevistas individuais detalhadas, aponta que a ansiedade matemática prejudica o desempenho dos estudantes e que o mal desempenho provoca ansiedade matemática, gerando um círculo vicioso. Sobre essa pesquisa Carey et al. (2019, p. 5) afirma:

> Cada um dos projetos realizados dentro do nosso estudo revela a complexa e multifacetada natureza da ansiedade matemática. É provável que a ansiedade matemática não seja uma construção simples com uma única causa – ao invés disso, ela pode emergir como resultado de múltiplos fatores predispostos incluindo gênero, habilidades cognitivas e predisposição geral à ansiedade ou pânico sob pressão. Isso ajuda a explicar porque a ansiedade matemática é fortemente relacionada à muitas construções. (Exemplo: ansiedade que antecede provas, ansiedade geral e habilidades matemáticas).

Em suas recomendações, a pesquisa alerta para que pais, mães, responsáveis e docentes estejam atentas e atentos às suas próprias ansiedades em relação à Matemática e não as transmitam para as crianças. Quando genitores ou responsáveis têm medo da Matemática e deixam isso explícito às filhas e aos filhos, estão contribuindo para que também eles passem, eventualmente, a ter medo da Matemática.

De acordo com Dempsey e Huber (2020), construir uma percepção positiva de Matemática na família do(a) aluno(a) pode encorajá-lo(a) a enfrentar os desafios das aulas da matéria. Há, inclusive, "alguma evidência de que esse nível de conforto pode levar à redução da ansiedade matemática" (FURNER; BERMAN, 2003 apud DAVIS; KELLY, 2017, p. 6, tradução nossa), porque, se os(as) alunos(as) se sentem apoiadas e apoiados em casa durante os desafios educacionais, estarão mais aptos a pedir ajuda.

Há também uma cultura que tolera, que aceita socialmente, quando uma pessoa adulta demonstra ansiedade em relação à Matemática. Isso pode influenciar essa atitude negativa da criança em relação a ela, pois, se todos acham normal que isso ocorra, ela pode também ter esse sentimento.

E, quando professores(as) falam que Matemática é a disciplina mais difícil do currículo e que os e as estudantes têm que estudá-la muito mais do que as outras disciplinas, usando a Matemática como ameaça, como controle aversivo, também podem desenvolver a ansiedade matemática. Carey et al. (2019) nos alertam que a "formação de professores deve claramente destacar o papel cognitivo e afetivo por trás do aprendizado de matemática nas escolas". E que "problemas emocionais e cognitivos necessitam de intervenções completamente diferentes".

1.2 Possíveis fatores que desencadeiam a ansiedade matemática

Embora muitos indicadores revelem a importância e a preponderância atribuída à Matemática no desenvolvimento curricular desde a educação infantil até à universidade, podemos dizer que a maneira como ela sempre foi concebida e ensinada por décadas em nossas escolas, constitui um importante elemento responsável pelo surgimento da ansiedade matemática em estudantes. Embora avanços tenham sido realizados, infelizmente ainda se vê, nos dias atuais, resquícios dessa concepção de ensino em nossas salas de aula. Vejamos alguns fatores.

◆ A Matemática sempre foi concebida como uma ciência pronta e acabada e não como uma construção humana. Sendo assim, era "transmitida" por docentes a estudantes, sem que tivessem a possibilidade de discutir conceitos e procedimentos; era estudar e praticar até memorizar. A autoridade do(a) professor(a) sobrepunha-se a qualquer iniciativa de perguntas por parte dos e das estudantes. Não era dada a devida importância à investigação, à exploração e à descoberta. O(a) professor(a) era o centro do processo educativo, quem detinha o saber, transmitia e transferia esse saber. Não se dava oportunidade para o(a) aluno(a) assumir seu protagonismo como construtor(a) do conhecimento, por meio da interação, colaboração e comunicação com demais colegas.

- Os simbolismos, as notações, a linguagem matemática e o excesso de formalismo predominavam, sem que as ideias matemáticas fossem antes trabalhadas. No movimento chamado de "Matemática Moderna", isso se acentuou de tal maneira que deixou rastros profundos até hoje.

- As regras e esquemas prontos eram usados cegamente, sem questionamentos. Atribuir significados ao que se fazia, não era prioridade.

- A repetição e a imitação eram a tônica, sem dar oportunidade para a curiosidade e a criatividade dos e das estudantes.

- Eram enfatizadas apenas situações rotineiras e "problemas tipo" ou "problemas modelo", em lugar de situações-problema desafiadoras e envolventes.

- O ensino da Matemática era divorciado da realidade, não havia aplicações mostrando porque se estuda isso ou aquilo, estimulando o gosto pelo estudo da Matemática e o desenvolvimento de uma atitude positiva em relação a ela.

- O ensino da Matemática era desvinculado da vivência acumulada de estudantes e de práticas sociais e culturais diversas. Trabalhos de envolvimento da Matemática, com o dia a dia dos(as) alunos(as), com seus conhecimentos prévios e com diversas culturas (Etnomatemática e História da Matemática), não eram cogitados.

* A compreensão, por meio da explicação dos porquês de conceitos, procedimentos e propriedades, não era alcançada. A ênfase sempre era dada à mecanização de algoritmos e procedimentos.

* O foco era todo em resultados; só eles eram avaliados e valorizados. Não se avaliava o processo, o raciocínio para se chegar aos resultados. Os problemas sempre tinham uma única resposta; não eram apresentados problemas abertos com mais de uma resposta ou com nenhuma resposta.

* A metodologia usada era a representada por "é assim que se faz", dando receitas prontas para tudo. Dificilmente, era dito para os(as) alunos(as) *pensem um pouco sobre isso, descubram, façam conjecturas, descubram padrões, experimente, arrisquem-se livremente*, porque é pensando que geramos autonomia.

> Esse "é assim que se faz" do professor, do livro didático e dos outros materiais utilizados não permitiam que o aluno tivesse liberdade e condições para pensar, imaginar, explorar, descobrir, levantar hipóteses, fazer estimativas, experimentar suas próprias intuições, atribuir seus próprios significados e desenvolver sua criatividade (DANTE, 1988, p. 51).

* Eram feitas manipulações algébricas com finalidades em si mesmas, sem o objetivo de expressar ideias de regularidade, generalização de padrões e de propriedades aritméticas ou geométricas. Não se falava em investigação por parte de estudantes e nem de criar modelos para representar uma situação real (modelagem matemática).

- Nesse ensino, sempre foi priorizado o trabalho individual, solitário, do(a) aluno(a). Não se encorajava o trabalho em duplas e/ou equipes, estimulando o aprendizado, a argumentação, a comunicação e o compartilhamento coletivo.

- Em geral, eram usados só a lousa, o giz/pincel e as palestras/exposições orais. Não se usava o ensino híbrido, com metodologias ativas e as tecnologias digitais, os aparelhos móveis, as mídias eletrônicas, digitais e objetos virtuais de aprendizagem.

- Importava só o ensino de conteúdos e procedimentos e não o desenvolvimento de competências e habilidades.

- A docentes cabia transmitir informação que não se concretizava em conhecimento. Não era levado em conta que o conhecimento se dá quando estudantes se apropriam da informação e sabem aplicá-la para resolver problemas.

- Sempre foi restrito o uso de calculadoras e outros recursos tecnológicos para realizar os exaustivos e longos exercícios de cálculos aritméticos.

- Havia um exagero na quantidade de exercícios de repetição e uso de fórmulas, em lugar de trabalhar com jogos, quebra-cabeças, desafios e tópicos da História da Matemática, para promover o envolvimento dos alunos.

- A Matemática era desvinculada de habilidades e competências de outras áreas, não considerando, por exemplo, que as habilidades e competências de leitura, interpretação de texto (por exemplo, na leitura e compreensão de problemas) e comunicação também são parte da Matemática.

- A Matemática sempre foi considerada neutra, sem vínculos com as questões sociais, sem interpretar criticamente situações econômicas e textos publicados nas mídias, perdendo a oportunidade de contribuir com a formação de um cidadão crítico, reflexivo e participativo.

- O foco do ensino de Matemática era só na transmissão de conteúdo e não na aprendizagem significativa dos e das estudantes. Tratou-se a Matemática como um conjunto de regras e procedimentos a serem ensinados e memorizados. Não se valorizou o explorar, o experimentar e o conjecturar de alunas e alunos.

O erro sempre teve um caráter punitivo, em lugar de ser um momento de novas aprendizagens. Errar era sinônimo de fracassar – e ninguém queria fracassar, pois o fracasso era uma vergonha. Assim, a tensão, a ansiedade, se instalavam. É muito importante que o(a) aluno(a) seja sujeito da sua própria aprendizagem, tente resolver problemas, arrisque-se, tenha dúvidas, pergunte, erre, pois, quando o erro é atrelado à curiosidade, ao interesse, às tentativas de solução, à busca de algo novo, deve ser sempre bem-vindo. Sem a cultura do medo de errar, estudantes podem explorar mais novos caminhos, novas hipóteses e hipóteses e descobertas. E, como coloca Boaler (2019, p. 15), coloca:

ANSIEDADE MATEMÁTICA

> "Hoje sabemos que, quando os alunos cometem um erro em matemática, seu cérebro cresce, sinapses disparam e conexões se formam. Essa descoberta nos diz que é desejável que os alunos comentam erros na aula de matemática e que estes não sejam encarados como falhas, e sim como conquistas de aprendizagem".

O quadro abaixo sintetiza essas colocações.

Quadro 1 – Quadro comparativo entre os fatores que podem desencadear e os fatores que podem evitar a Ansiedade Matemática

Fatores que podem desencadear a Ansiedade Matemática	Fatores que podem evitar a Ansiedade Matemática
Matemática vista como ciência pronta, acabada	Matemática vista como construção humana
Excesso de símbolos e linguagem matemática	Trabalho com as ideias matemáticas
Formalismo e abstração precoces	Ensino mais intuitivo, menos formal. Linguagem matemática só quando ela faz sentido e é esclarecedora
Regras e esquemas	Porquês, significado do que se faz
Repetição e imitação	Incentivo à criatividade, investigação, curiosidade, iniciativa e exploração
Operações rotineiras, "problemas tipo", "problemas modelo"	Situações-problema desafiadoras que envolvam significativamente os alunos
Problemas com uma única resposta (e uma única solução)	Apresentação de problemas em aberto com mais de uma resposta (ou nenhuma) e com muitas possibilidades de resolução

Continuação

Fatores que podem desencadear a Ansiedade Matemática	Fatores que podem evitar a Ansiedade Matemática
Matemática divorciada da realidade	Aplicações na realidade mostrando o uso da Matemática
Matemática desvinculada das manifestações culturais	Estímulo à Etnomatemática e à História da Matemática
Mecanização	Compreensão
Matemática desligada da vivência do aluno	Matemática que leva em conta a experiência acumulada do aluno
Ênfase só nos resultados	Ênfase no processo, na lógica do raciocínio desenvolvido
"É assim que se faz"	"Pense um pouco sobre isso"
Matemática pela Matemática	Contextualização
Trabalho individual	Trabalho em duplas, em equipes
Uso só de lousa e giz	Uso de tecnologias digitais, metodologias ativas
Ênfase em conteúdos	Ênfase em competências e habilidades
Informação	Conhecimento
Exercícios repetitivos, questões que não fazem pensar	Jogos, quebra-cabeças, desafios, tópicos da História da Matemática
Matemática neutra	Matemática que contribui para a formação da cidadania
Foco no ensino	Foco na aprendizagem significativa
Erro usado como punição	Erro usado como alavanca da aprendizagem

Continuação

Fatores que podem desencadear a Ansiedade Matemática	Fatores que podem evitar a Ansiedade Matemática
Matemática isolada no currículo	Valorização da interdisciplinaridade
Manipulações algébricas com finalidades em si mesmas	Investigação, descoberta de padrões e modelagem matemática
Matemática como conteúdo pronto, fechado e acabado	Matemática como investigação
Pensamento de algoritmo repetitivo	Pensamento computacional, fluxogramas
Assuntos internos da Matemática sem relação entre si	Integração dos vários assuntos
Matemática desligada de habilidades e competências de outras áreas	Habilidades e competências de leitura, interpretação e comunicação como parte do ensino da Matemática
Uso de recursos como jogos, tecnologias, história etc. (quando existiam) como forma de ilustração do conhecimento matemático	Uso de recursos como jogos, tecnologias, história etc. como forma de construção do conhecimento matemático
Atitude negativa em relação à Matemática	Atitude positiva em relação à Matemática

Fonte: elaborado pelo autor, 2020.

Essa maneira equivocada de conceber e ensinar Matemática por tantas décadas, certamente contribuiu muito, e ainda contribui em parte, para se instalar ou intensificar a ansiedade matemática. É claro que, com o trabalho pautado no que pode evitar a ansiedade matemática (2ª coluna do **Quadro 1**), provavelmente tenhamos mais estudantes gostando de Matemática e aprendendo Matemática com mais significado, aplicando, com prazer, suas competências e habilidades em seu dia a dia e em sua vida.

Vejamos o que disse o conceituado matemático brasileiro Nachbin (1979) ao proferir uma conferência plenária na 5ª Conferência Interamericana de Educação Matemática (5ª Ciaem): "Sou de alvitre que, aos níveis da educação básica, a Matemática deve ser ensinada de modo simples e atraente, evitando a chamada ansiedade matemática dos alunos".

Vejamos, agora, quais são suas origens, como ela se instala logo nos anos iniciais de escolaridade.

1.3   Origens da ansiedade matemática

Como vimos anteriormente,

> A ansiedade matemática não é inata e está diretamente relacionada às experiências em ambiente escolar, particularmente quando essas experiências envolvem a aplicação de controle aversivo por parte de professores e de outros agentes educacionais. Torna-se um problema educacional, social e clínico na medida em que mais e mais indivíduos relatam desconfortos intensos diante de situações que exigem desempenho matemático. (CARMO, 2011, p. 254).

ANSIEDADE MATEMÁTICA

Quando a ansiedade matemática tem seu início, quais são suas raízes? A criança, antes do ingresso na educação formal (digamos com 3 a 5 anos), revela notável originalidade e criatividade; faz operações com números pequenos ("Eu tinha 3 gatinhos. Nasceram 2. Agora tenho 5.", "Eu tinha 6 balas. Chupei 2. Ficaram 4."); compara ("Minha fatia de bolo é 'menor' que a sua."); e já tem alguma noção de quantidade ("Por que João ganhou mais balas do que eu?"). Tudo isso é como o aprender a falar: natural, espontâneo, sem nenhum ensino envolvido. As crianças têm seu próprio pensamento e reagem às circunstâncias como seres humanos, isto é, globalmente, com seus sentimentos, sua capacidade intelectual, seu corpo etc., em constante e dinâmica interação com todos ao seu redor.

Referindo-se à necessária liberdade de pensamento das crianças e sua influência sobre a construção do conhecimento, o grande matemático Hassler Whitney ensina que a riqueza dos aprendizados das crianças se deve, em grande parte, à sua completa liberdade para pensar, em qualquer direção e a qualquer momento, e que a curiosidade, a imaginação e a flexibilidade são as chaves para o seu rápido progresso. Segundo a percepção de Whitney (1985), é por meio dessas chaves que as crianças aprendem a ser flexíveis, que as palavras assumem novos significados e as coisas acontecem de uma forma num momento e de maneiras diferentes, em outros. Sobre esse mesmo tópico, o autor atenta para o fato de que é por meio das brincadeiras, que as crianças fazem experiências, veem inter-relações e conseguem ter algum controle sobre o seu meio ambiente. Isto é, as crianças fazem isso naturalmente, sem precisar do auxílio do ensino escolar formal. Whitney ressalta que atividades como andar e comunicar-se de forma verbal (fala) e não verbalmente são atividades bem mais complexas que as atividades ensinadas em sala de aula.

Porém, quando ensinadas, essas mesmas crianças parecem ser incapazes de aprender coisas triviais. Nesse sentido, percebemos a relevância da liberdade de pensamento, do exercício da curiosidade, da imaginação e da flexibilidade no progresso das crianças, em contraste com a rigidez ou o incentivo à ação limitante de apenas decorar informações repassadas por docentes em sala de aula. A liberdade de expressão e pensamento dada ao(à) aluno(a) resulta, portanto, numa ressignificação de palavras e, consequentemente, numa aprendizagem bem mais natural e eficiente.

Agora, na escola, já na educação formal (a partir dos 6 anos), principalmente depois dos dois primeiros anos dos anos iniciais do ensino fundamental, as crianças começam a ter um "ensino" de Matemática que não leva em conta toda essa sua "experiência" anterior. Em vez de começar com essa experiência natural que cada um traz consigo em "Matemática", o ensino tende a avançar formalmente, numa linguagem hermética, pouco natural (pelo menos para as crianças) e orientada simbolicamente com quase nenhum significado para elas, muito afastada do que veem, ouvem e falam diariamente. Disso resulta um conflito que leva a criança a desistir de seus próprios pensamentos e de sua iniciativa, buscando cada vez mais, conformar-se a esquemas, repetindo o(a) professor(a), impondo a si mesma a crença de que existe apenas um jeito de pensar e fazer corretamente - exatamente aquele do qual o(a) professor(a) fala.

Em tudo isso, apenas o sucesso pré-estabelecido tem importância e é recompensado (por notas, promoção e elogios); o fracasso em atingir este estreito e diminuto objetivo aumenta um sentimento de deficiência, pavor das provas etc., que acaba levando à **ansiedade**. Há alunos do terceiro ano do ensino fundamental exclamando "Detesto Matematica", "A Matematica é um aborrecimento", "A Matematica é dificil", "Nunca consegui entender Matematica", e assim por diante, sem que tenham ainda quase nenhuma ideia do que seja a Matemática.

As perguntas das crianças se originam, não tanto de sua curiosidade natural, mas de um presente desejo em descobrir um atalho, um processo salvador economizando trabalho, levando à resposta correta. Mesmo antes de pensar um pouco no assunto, elas praticamente suplicam, quase em desespero, qual operação devem fazer para resolver um problema ("É de mais ou é de menos?", "É de uma conta ou de duas?", "Qual regra deve ser empregada para chegar mais rapidamente ao resultado?" etc.). Isso acontece porque somente o que pode ser mostrado nas avaliações tem valor e é enfatizado.

A forma natural de pensar das crianças, com busca constante de significados, passa a ser gradualmente substituída por aprendizado mecânico, pelo que são recompensadas. A partir daí, elas desistem de pensar por si mesmas e passam a trabalhar sem entender os significados do que estão fazendo. Assim, constrangidas, elas tendem a se desprezar como seres humanos, com seus próprios desejos e sentimentos. As crianças, antes de se aceitarem, esperam ser aceitas. Aí está a fonte da **apatia** e da ansiedade que, se não cuidadas, agravam-se mais tarde, tornando-se um problema sério, como já vimos.

Sorvo et al. (2017) afirmam que a ansiedade matemática pode se desenvolver em crianças bem novas. Em sua pesquisa, os autores descobriram que:

> Para a maioria dos alunos, o primeiro encontro com a ansiedade matemática acontece por volta da primeira ou segunda séries quando são introduzidos ao sequenciamento de números mais complexos ou expressões com adição e subtração (p. 324, tradução nossa).

Como coloca Jo Boaler, professora e pesquisadora da Universidade de Stanford.

> "Em vez de envolver ativamente os alunos na solução de problemas matemáticos, a maioria das aulas de matemática consentem que eles fiquem sentados em fila e vejam o professor demonstrar métodos que eles não entendem e com os quais não se importam. Inúmeros alunos odeiam matemática, e para muitos ela gera ansiedade e medo."(BOALER, 2019, p. 2)

Mas, o que fazer logo no início da escolaridade com as crianças que já apresentam sintomas da ansiedade matemática?

1.4 Como reverter a ansiedade matemática

Uma das maneiras de atenuar a ansiedade matemática em crianças que já manifestam suas características, é realizar trabalhos de matemática manipulativa em pequenos grupos (3 crianças, por exemplo). Whitney (1980) sugere muitas atividades/oficinas (*workshops*), em suas inúmeras publicações. Em nossos estudos posteriores, constatamos que essas práticas educativas eram realmente eficazes. São situações para que estudantes explorem livremente, com pouca ou nenhuma ajuda ou orientação docente. São experiências de aprendizagem cooperativa, colaborativa, em que as descobertas são compartilhadas. Adaptaremos duas delas aqui.

Inicialmente, pode ser feita uma apresentação e descontração dos membros da equipe, procurando criar uma atmosfera propícia à participação, à liberdade e ao respeito pelas ideias dos outros. O(a) professor(a) ou orientador(a), deve se considerar como um dos membros, compartilhando também seus sentimentos com os(as) alunos(as). Deixe cada pessoa falar e ser ouvida. Pergunte sobre os pontos de vista de todos os estudantes, sem contestá-los. Isso fortalecerá a confiança de cada um e o respeito pelas ideias alheias.

Os membros da equipe devem relatar livremente quando começou o desconforto e a ansiedade pela matemática. Em que época? Como se sentiu? O que acha que provocou isso? Isto será muito útil para os demais. Após essa importante introdução, iniciam-se as atividades.

1ª atividade: o presente da irmã

Peça para uma criança imaginar que ela está numa loja para comprar alguma coisa para a sua irmã, que faz aniversário. Diga: "Você tem 42 reais, vê um objeto que acha que ela vai gostar e decide comprá-lo. Ele custa 18 reais. Qual é o troco que você receberá?"

Problemas baseados em histórias da vivência das crianças são o fundamento do uso da Matemática na vida real. As crianças devem representar cada problema como se fosse uma pecinha de teatro. Isso dá mais vida ao problema e elas gostam de representar.

A orientação para equipe de 3 crianças é: "Cada uma pense livremente em uma maneira de encontrar o troco. Adivinhem, façam explorações, experimentem, brinquem com o problema, conversem com as e os colegas, comuniquem-se. Resolvam de muitas maneiras diferentes. Usem o tempo que precisarem".

Elas terão à disposição, numa caixa (de sapatos, por exemplo), dinheiro de brinquedo com cédulas de 10 reais e moedas de 1 real. Peça para as crianças mostrarem quanto dinheiro elas têm – 42 reais: 4 cédulas de 10 reais e 2 moedas de 1 real. Peça, agora, para dizerem quanto vão precisar pagar – 18 reais: 1 cédula de 10 reais e 8 moedas de 1 real. Em seguida, vão pensar quanto de troco receberão. Deixe-as pensarem, conversarem entre si e descobrirem, sem nenhuma interferência. Se houver alguma pergunta, podemos responder: "Pensem um pouco sobre isso e decidam". Pouco a pouco, as crianças vão assumindo a responsabilidade sobre o trabalho que está sendo realizado.

Com liberdade para descobrir e sem a pressão do tempo, muito provavelmente alguma criança dirá que será preciso trocar 1 cédula de 10 reais por 10 moedas de 1 real, na caixa de sapato. A(o) docente ou orientador(a) não diz nada. Elas é que precisam assumir a responsabilidade de verificar se essa descoberta é boa ou não. Agindo assim, a criança que sugeriu isso ficou com 3 cédulas de 10 reais e 12 moedas de 1 real. Ela diz:

ANSIEDADE MATEMÁTICA

"Agora vai dar para pagar", dando 1 cédula de 10 reais e 8 moedas de 1 real (18), ficando na mão com 2 cédulas de 10 reais e 4 moedas de 1 real, ou seja, 24 reais. Estimule a participação de outras crianças, pedindo que todas confiram se isso está certo ou não. Uma vez que todas fizeram e conferiram, peça para repetirem mais uma vez o que fizeram e, em seguida, escreverem, registrando tudo em uma folha de papel. Socialize o que cada uma registrou. Daí, o(a) professor(a) ou orientador(a) pode sugerir a elaboração de um quadro, como o que está abaixo (Quadro 2) para elas preencherem.

Quadro 2 – Relação entre Cédulas de 10 reais e Moedas de 1 real

	Cédulas de 10	Moedas de 1
Tenho:	4	2
Após a troca:	3	12
Pago:	1	8
Restam:	2	4

Fonte: elaborado pelo autor, 2020.

Aqui está o embrião do algoritmo usual:

$$\begin{array}{cc} \overset{3}{\cancel{4}} & \overset{12}{\cancel{2}} \\ -\quad 1 & 8 \\ \hline 2 & 4 \end{array}$$

Possivelmente outras maneiras podem aparecer:

- Quantos contaram de 18 a 42? Falando 19, 20, 21, ..., 40, 41, 42.

- Quantos pensaram em usar o 20? Tira 20 de 42, encontra 22, e soma 2 e obtém 24, porque, ao considerar 20 e não 18, somou 2.

- Quantos pensaram em usar o 40 e o 20? Tira 20 de 40, obtendo 20 e soma 4, obtendo 24. Por que será?

- Alguém pensou em colocar esses números em uma reta numérica?

Figura 1 – Reta numérica

Fonte: elaborado pelo autor, 2020.

- Alguém usou o algoritmo usual da subtração?

- A resposta encontrada foi 24. Por que a resposta precisa ser 24?

Note que as crianças brincaram com os números e perceberam bem as quantidades. Dessa forma, o sentido de número fica mais claro. Cada uma, com liberdade total, procurou a resposta. O(a) docente ou orientador(a) não ensinou, participou vez ou outra da discussão, sugeriu vez ou outra alguma coisa. Elas aprenderam pensando, aprenderam fazendo.

ANSIEDADE MATEMÁTICA

Roda de conversa

Depois disso tudo, é importante fazer uma roda de conversa com a equipe sobre a atividade. Deixe cada participante falar livremente o que pensa a respeito dessa experiência. De quais partes gostaram mais? De quais gostaram menos ou se aborreceram? As pessoas que participaram se dedicaram? Ficaram envolvidas? Mudaram os sentimentos em relação à Matemática? Do ponto de vista intelectual, o que aprenderam com essa experiência? Elas realmente estavam pensando enquanto faziam? Aumentaram a capacidade de pensar?

Observe que as crianças manipularam material, fizeram, escreveram e leram Matemática. Escreveram e leram porque antes **usaram**, **fizeram**. A notação e a linguagem matemática vieram depois das suas explorações, ou seja, é como aprender a falar, escrever e ler numa língua. Na escola, em geral, a sequência tem sido a oposta. Nesse caso, as crianças usaram seu próprio pensamento como grupo. A pessoa que orientou não ensinou, apenas deu pequenas sugestões, como um membro mais experiente da equipe. É preciso mostrar às crianças seus poderes, suas capacidades e como podem crescer sozinhas na aprendizagem.

Outra situação

Na sequência, o(a) orientador(a) sugere uma outra situação a ser resolvida **inteiramente** pela equipe. Trata-se de pagar uma compra de 39 reais, tendo em mãos 106 reais. Agora, na caixa de sapatos há cédulas de 100, de 10 e moedas de 1 real. As crianças devem ir da manipulação do dinheiro até o quadro que resume todo o trabalho.

2ª atividade: sorte na loteria

"Seis pessoas fizeram um bolão para apostar na loteria e ganharam 2 745 reais. Repartiram igualmente esse dinheiro em seis. Quantos reais cada um recebeu?" Agora, por não termos cédulas de mil, vamos trabalhar com palitos coloridos com os seguintes valores:

incolor	vermelho	azul	amarelo
1	10	100	1 000

Formamos algumas equipes de 3 crianças. Cada equipe receberá 2 palitos amarelos, 7 azuis, 4 vermelhos e 5 incolores, representando 2 745. Elas terão que repartir, igualmente em 6, esse total de palitos. Uma caixa (de sapatos, por exemplo) com mais desses palitos encontra-se em cada mesinha onde cada equipe está trabalhando.

É interessante deixá-las, nesse momento. Se houver alguma pergunta, podemos responder: "Pensem um pouco sobre isso e decidam". Isso é muito importante. É preciso deixar a responsabilidade para elas, ajudando-as a amadurecer e a crescer com responsabilidade própria. Cada grupo fará de um jeito. Uns vão demorar menos, outros, mais.

Registro do que foi feito

Cada equipe recorda como realizou a experiência e registra numa folha de papel. Caso ninguém tenha pensado nisso, o(a) professor(a) sugere a confecção de um quadro. Por exemplo:

Quadro 3 – Registro do procedimento de divisão

Ação	Temos				Cada um recebe		
	1000	100	10	1	100	10	1
	amarelo	azul	vermelho	incolor	azul	vermelho	incolor
	2	7	4	5	0	0	0
Troca	0	27	4	5	0	0	0
Distribui	0	3	4	5	4	0	0
Troca	0	0	34	5	4	0	0
Distribui	0	0	4	5	4	5	0
Troca	0	0	0	45	4	5	0
Distribui	0	0	0	3	4	5	7

Fonte: elaborado pelo autor, 2020.

Cada criança recebe 4 de 100; 5 de 10; 7 de 1; e sobram 3 palitos incolores. Naturalmente, os quadros delas não aparecerão assim tão arrumados como esse, mas, pouco a pouco, se aproximarão do exemplo. O quadro é o embrião do algoritmo da divisão, que é mais compacto e que resume todo o procedimento realizado:

$$
\begin{array}{rrrr|l}
\text{DM} & \text{C} & \text{D} & \text{U} & \\
2 & 7 & 4 & 5 & 6 \\
-\ 2 & 4 & & & \overline{4\ 5\ 7} \\
\hline
& 3 & 4 & & \ \ \ \ \ \text{C D U} \\
& -\ 3 & 0 & & \\
\hline
& & 4 & 5 & \\
& & -\ 4 & 2 & \\
\hline
& & & 3 &
\end{array}
$$

Nesse momento, as crianças percebem a importância de um algoritmo, algo realizado passo a passo, que simplifica todo o desenvolvimento anterior. Novamente aqui é importante fazer a **roda de conversa** com a participação intensa de todos os estudantes que participaram e perceber o quanto as crianças são capazes de fazer se lhes for dada a oportunidade de explorar situações livremente, dando vazão à sua criatividade.

Outras atividades

Na sequência, outras atividades lúdicas relacionadas a algoritmos poderiam ser sugeridas, como, por exemplo, a resolução de **criptogramas**. Neles, cada letra assume um único valor de 0 a 9. Sugira que as equipes resolvam esses criptogramas abaixo:

	A	B		N	O	V	E		J	O	S	...
+	C	A	+	T	R		S	+	J	O	√	O
A	B	A		D	O	Z	E	P	A	U	L	O

Em conjunto com as atividades supracitadas, sugerimos uma mudança radical de atitude da criança, mudando do "O que eu **devo** fazer?", "que operação **devo** efetuar?" "Qual **resposta esperam** de mim?" para "**Eu posso ser eu mesma**", "**Eu posso pensar por mim mesma**", "**Eu posso descobrir** por mim mesma", "**Eu consigo descobrir**", exercitando seu protagonismo. Espera-se que o papel do(a) professor(a), da escola e das famílias tenha também uma revisão profunda. Elas precisam criar condições para que a criança redescubra seu natural poder de pensar, envolvendo-se com atividades significativas, com problemas reais para ela. Quando o problema é real para a criança, ela assume a responsabilidade de conseguir bons resultados. A abordagem natural das crianças é explorar e experimentar; quando fazem isso, encontram coragem para tentar realizar muitas coisas. Vamos dar liberdade a elas para que isso possa ocorrer. Quanto mais deixarmos as crianças trabalharem por si mesmas, mais poderão aprender por qualquer outro método, aumentando sua autoconfiança. Quando a criança gosta de uma atividade, fica motivada a investir maior esforço naquela atividade e aprenderá com mais eficácia.

Outras sugestões

A professora e pesquisadora da Universidade de Stanford, Jo Boaler (2020), sugere algumas atitudes e procedimentos que podemos ter para eliminar a ansiedade matemática das crianças, tais como: incentivar as crianças a brincarem com jogos e quebra-cabeças matemáticos; nunca dizer à criança que ela está errada ao resolver um problema matemático e, sim, achar a lógica em seu pensamento; nunca associar a aprendizagem matemática com velocidade; nunca compartilhar com seus alunos(as)/filhos(as) a ideia de que você era ruim em Matemática na escola ou que não gostava dela; incentivar o senso numérico e o cálculo mental e, finalmente, desenvolver na criança uma atitude positiva (ou "mentalidade construtiva") em relação à Matemática. (BOALER, 2020).

Em seguida, pode-se ver o no **Quadro 4**, que adaptamos e traduzimos de um modelo de quadro elaborado por professores da escola Fieldcrest de Ensino Fundamental I, localizada no Canadá. O modelo pode ajudar estudantes e docentes em sala de aula a reduzirem os efeitos da ansiedade matemática. Naquela escola, os(as) professores(as) se reúnem para criar quadros de crescimento mental positivo para discutirem com os alunos em sala de aula. Veja um exemplo de quadro elaborado por educadoras e educadores, que pode ser usado como modelo para se criar outros quadros de pensamento positivo e motivação para estudantes:

Quadro 4 – Crescimento mental: o que eu
posso dizer a mim mesmo(a)?

AO INVÉS DE...	TENTE PENSAR...
Eu não sou bom/boa nisso.	O que está faltando?
Eu sou bom demais nisso.	Eu estou no caminho certo!
Eu desisto.	Eu vou usar algumas das estratégias que nós temos aprendido.
Isso é difícil demais.	Isso pode exigir um pouco mais de tempo e esforço.
Eu não posso fazer isso melhorar ainda mais.	Eu sempre posso melhorar, então eu vou continuar tentando.
Eu simplesmente não consigo fazer Matemática.	Eu vou treinar meu cérebro para Matemática.
Eu cometi um erro.	Erros me ajudam a aprender melhor.
Ela é tão inteligente. Eu nunca vou ser inteligente assim.	Eu vou tentar descobrir como ela faz isso para que eu possa tentar isso!
Isso está bom o suficiente.	Esse é realmente meu melhor trabalho?
O Plano A não funcionou.	Que bom que o Alfabeto ainda tem mais outras 25 letras.

Fonte: adaptado de Fieldcrest Elementary School, 2014.

Conclusão

Com esses exemplos e sugestões e com outras atividades que educadores e educadoras fizerem com o mesmo propósito, com muitas explorações livres por parte de estudantes, muito provavelmente as crianças começarão a ter mais segurança e a ter sentimentos positivos em relação à Matemática, atenuando sua ansiedade e, pouco a pouco, aprendendo de forma colaborativa, com significado. Tudo isso, num ambiente de sala de aula encorajador, seguro, prazeroso, sem medo, que incentive as crianças e lhes dê satisfação, dissipando certos estereótipos tais como: "Matemática é difícil", "Matemática é só para alguns", "Os meninos são melhores em Matemática que as meninas", "Matemática só é importante para algumas profissões" etc.

Isso não é fácil fazer e não dá para fazer do dia para a noite. É preciso ir mudando aos poucos. Talvez, reservar um tempo, uma vez por semana, para desenvolver esse tipo de atividade com as crianças que estejam manifestando os primeiros sinais de ansiedade matemática. E nós, professoras e professores, teremos que fazer um grande esforço para cuidar dos nossos impulsos de querer "ensinar" e "controlar" tudo o que as crianças fazem. Deixe-as livres para assumirem a responsabilidade das suas buscas e descobertas. Seremos apenas a pessoa que orienta, como técnicas e técnicos de futebol que não jogam, mas orientam os jogadores.

Quanto às famílias, será preciso um esforço para evitarem de expor seus pontos de vista sobre a Matemática, especialmente se tiveram experiências negativas com ela. Isso reforça a ansiedade e a criança passa a achar que é natural, normal, sentir ansiedade em relação à Matemática, o que não é verdade. Pesquisadores alertam para que familiares fiquem atentos a qualquer sintoma de ansiedade matemática nas crianças, para que conversem com elas sobre a relevância da Matemática no dia a dia, conheçam os professoras e professores de Matemática e estabeleçam parcerias com elas e eles; que brinquem com desafios, jogos e quebra-cabeças matemáticos com suas crianças, participem com elas de feiras de ciências, olimpíadas e palestras sobre Matemática, assistam a filmes sobre Matemática com elas e, enfim, que criem uma atmosfera propícia em casa também para que conversem livremente sobre Matemática.

2 CRIATIVIDADE

A criatividade é contagiosa, passe adiante.
(Albert Einstein)

Criatividade é a arte de conectar ideias.
(Steve Jobs)

2.1 Começando a entender

Como vimos anteriormente, o ensino de Matemática nas nossas salas de aula, durante muito tempo, foi inadequado, gerando a ansiedade matemática em um grande número de crianças, que carregaram isso para suas vidas adultas. Também vimos que uma das formas de reverter esse quadro é propor e implementar mudanças para que tal ensino se torne mais criativo e significativo.

Quanto à criatividade, Beaudot (1975) há décadas já apontava a necessidade de cultivá-la na escola ao afirmar que:

> [...] no próprio momento em que a criatividade está cada vez menos na base da educação, ela se torna, por ordem das necessidades do mundo moderno, cada vez mais essencial. É urgente reanimá-la (p. 9).

De igual forma, o conceituado matemático brasileiro Nachbin (1979) enfatizou que três componentes deveriam ser melhor trabalhados em Educação Matemática: o talento, a criatividade e a expressão. Em sua palestra plenária na 5ª Conferência Interamericana de Educação Matemática, Nachbin explicou que esses três elementos são vitais na formação de um indivíduo, em todos os seus níveis e em suas diversas formas.

Gontijo (2007, p. 1) destacou que aspectos como imaginação, originalidade, flexibilidade, fluência, elaboração de ideias e inventividade, que auxiliam a descrição do processo criativo, devem ser incluídos entre os objetivos educacionais. Esses aspectos, somados à resolução criativa de problemas, são aspectos ligados à criatividade.

Assim, vamos inicialmente rever alguns estudos sobre criatividade em Matemática. Em seguida, proporemos algumas ações e exemplos que podem favorecer o surgimento da criatividade em nossas aulas de Matemática.

2.2 Criatividade na Base Nacional Comum Curricular (BNCC)

Em vários momentos da Base Nacional Comum Curricular (BNCC) é mencionada a necessidade de favorecer a criatividade de estudantes, como veremos a seguir. Na leitura dos trechos desse documento, é possível perceber em que sentido a palavra criatividade é usada de um modo geral e, em particular, no ensino da Matemática. Uma das competências gerais da educação básica é:

CRIATIVIDADE

> Exercitar a curiosidade intelectual e recorrer à abordagem própria das ciências, incluindo a investigação, a reflexão, a análise crítica, a imaginação e a criatividade, para investigar causas, elaborar e testar hipóteses, formular e resolver problemas e criar soluções (inclusive tecnológicas) com base nos conhecimentos das diferentes áreas (BNCC, 2018, p. 9, grifo nosso).

Ao falar do compromisso com a educação integral, a BNCC coloca:

> A sociedade contemporânea impõe um olhar **inovador** e inclusivo a questões centrais do processo educativo: o que aprender, para que aprender, como ensinar, como promover redes de aprendizagem colaborativa e como avaliar o aprendizado. No novo cenário mundial, reconhecer-se em seu contexto histórico e cultural, comunicar-se, **ser criativo**, analítico-crítico, participativo, **aberto ao novo**, colaborativo, resiliente, **produtivo** e responsável requer muito mais do que o acúmulo de informações. Requer o desenvolvimento de competências para aprender a aprender, saber lidar com a informação cada vez mais disponível, atuar com discernimento e responsabilidade nos contextos das culturas digitais, aplicar conhecimentos para resolver problemas, ter **autonomia** para tomar decisões, **ser proativo** para identificar os dados de uma situação e buscar soluções, conviver e aprender com as diferenças e as diversidades (BNCC, 2018, p.14, grifos nossos).

Ao abordar os direitos de aprendizagem e desenvolvimento da educação infantil, a BNCC enfatiza a importância de:

> **Brincar** cotidianamente de diversas formas, em diferentes espaços e tempos, com diferentes parceiros (crianças e adultos), ampliando e diversificando seu acesso a produções culturais, seus conhecimentos, sua **imaginação**, sua **criatividade**, suas experiências emocionais, corporais, sensoriais, expressivas, cognitivas, sociais e relacionais (BNCC 2018, p. 38, grifos nossos).

No que se refere à Matemática, tecendo considerações à unidade temática Álgebra, a BNCC coloca que:

> [...] é necessário que os alunos identifiquem regularidades e padrões de sequências numéricas e não numéricas, estabeleçam leis matemáticas que expressem a relação de interdependência entre grandezas em diferentes contextos, bem como criar, interpretar e transitar entre as diversas representações gráficas e simbólicas [...] (BNCC, 2018, p. 270, grifo nosso).

> [...] o processo de aprender uma noção em um contexto, abstrair e depois aplicá-la em outro contexto envolve capacidades essenciais, como formular, empregar, interpretar e avaliar – criar, enfim –, e não somente a resolução de enunciados típicos que são, muitas vezes, meros exercícios e apenas simulam alguma aprendizagem. (BNCC, 2018, p. 277, grifo nosso).

Ao abordar as tecnologias digitais e a computação, a BNCC define algumas competências e habilidades, tais como:

> [...] utilizar, propor e/ou implementar soluções (processos e produtos) envolvendo diferentes tecnologias, para identificar, analisar, modelar e solucionar problemas complexos em diversas áreas da vida cotidiana, explorando de forma efetiva o raciocínio lógico, o pensamento computacional, o espírito de investigação e a criatividade. (BNCC 2018, p. 475, grifo nosso).

2.3 Afinal, o que é criatividade?

Entre os cientistas, não há um consenso sobre uma definição precisa ou uma teoria comprovada sobre o termo criatividade. Ao contrário, há muitas colocações e dúvidas, tais como: ela está ligada à inteligência? Ela se apresenta em diferentes níveis e graus? É um conceito relativo? Ela está ligada à motivação ou apenas a aspectos cognitivos? Sua manifestação é algo individualizado ou depende do contexto social? Ela precisa levar a um produto novo, original e útil ou não? Precisa levar a um produto relevante ou não? Ela só ocorre no campo das artes? Ela depende apenas de *insights* repentinos ou demanda dedicação, muito trabalho e muito conhecimento? Ela pode ser ensinada, desenvolvida, ou é nata?

Parte dessas colocações está inserida também nos vários mitos que precisam ser desfeitos e que segundo Alencar (1992, p. 25) são:

> A criatividade é um 'dom' presente em alguns poucos indivíduos [...]. A criatividade consiste em um lampejo de inspiração, que ocorre sem uma razão explicável [...]. A criatividade depende apenas de características do próprio indivíduo [...]. A criatividade é uma

> questão de tudo ou nada. Alguns indivíduos são criativos e outros não [...]. A criatividade manifesta-se apenas nos trabalhos e produções dos grandes talentos artísticos e nas novas propostas de inventores e cientistas.

A palavra **criatividade** vem do latim *creatus*, que significa **criar**. De acordo com o dicionário Houaiss (2001, p.868), criatividade pode ser definida como "a qualidade ou característica de quem é criativo; tem inventividade; possui inteligência e talento, natos ou adquiridos, para criar, inventar, inovar". Na literatura, há muitas e diferentes definições de criatividade e, sobre isso, Alencar e Fleith (2003) destacam que:

> [...] uma das principais dimensões presentes nas mais diversas definições de criatividade implica a emergência de um produto novo, seja uma ideia ou uma invenção original, seja a reelaboração e aperfeiçoamento de produtos ou ideias já existentes (p. 13).

Já para Gontijo (2006), criatividade envolvida com elaboração e resolução de problemas é:

> [...] a capacidade de apresentar diversas possibilidades de soluções apropriadas para uma situação-problema, de modo que estas focalizem aspectos distintos do problema e/ou formas diferenciadas de solucioná-lo, especialmente formas incomuns. Essa capacidade pode ser empregada tanto em situações que requeiram a resolução e elaboração de problemas como em situações que solicitem a classificação ou organização de objetos e/ou elementos matemáticos em função de

CRIATIVIDADE

suas propriedades e atributos, seja na forma textual, numérica, gráfica ou de uma sequência de ações (p. 4).

Para nós,

> [...] o universo fundamental da Matemática, o dos números naturais, emerge como um "completamento" (buscando explicitações e ampliações) de uma criatividade que avança, a partir de um início, por um método uniforme de desenvolvimento (DANTE, 1980, p. 55).

Ainda para nós,

> [...] a criatividade parece ter as seguintes características:
>
> ▶ nela paira sempre o mistério fundamental do novo;
>
> ▶ é algo comum a toda a humanidade e não o privilégio de alguns;
>
> ▶ há gradações no criativo, a compreensão dos casos menos incisivos sendo essencial para a apreciação geral.
>
> É importante frisar ainda, nesse contexto, que o nível de criatividade de uma pessoa pode ser decisivamente influenciado pelo ambiente e, em particular, pela Educação (DANTE, 1988, pp. 19-20).

2.4 O pensamento criativo

Sobre o pensamento criativo, Newell (1969) explica que, para que um pensamento seja considerado criativo, é preciso que o produto tenha inovação e valor para o pensador ou para a cultura, que não seja convencional e que seja altamente motivador e persistente ou de grande intensidade.

Guilford (1967) descreve os processos de pensamento, destacando, dentre eles, as habilidades de produção divergente (que busca o maior número possível de soluções para uma questão ou problema), que estão relacionadas ao pensamento criativo. Ele destaca aspectos do pensamento divergente como as habilidades de fluência, flexibilidade, originalidade e elaboração (**Quadro 5**).

Quadro 5 – Habilidades do Pensamento Divergente

Habilidades do Pensamento Divergente	Conceito	Exemplo
Fluência	Habilidade de gerar uma grande quantidade de ideias diferentes para um mesmo assunto, bem como para questões e problemas.	Citar, num determinado tempo, o maior número de objetos que lembram um cubo. Num determinado tempo, quais números você consegue escrever com os algarismos 4, 8, 9 e 2?

CRIATIVIDADE

Continuação

Habilidades do Pensamento Divergente	Conceito	Exemplo
Flexibilidade	Habilidade que implica em ver uma questão ou um problema sob diferentes pontos de vista, em mudar um certo padrão de pensamento, obter diferentes respostas a uma questão ou problema.	Brincar livremente com os números 3, 4 e 12 e com as operações aritméticas. Há muitas respostas diferentes desta que vem logo a mente: $3 \times 4 = 12$. $3 + 4 + 5 = 12$ $12 : 3 = 4$ $\frac{3}{4} + 12 = \frac{51}{4}$ ou 12 inteiros e três quartos $12 - \frac{4}{3} = \frac{32}{3}$ ou 10 inteiros e dois terços
Originalidade	Habilidade de dar respostas incomuns a uma situação ou problema.	Thomas Edison (1847-1931), um dos precursores da revolução tecnológica do século XX, foi original ao descobrir a lâmpada elétrica incandescente.
Elaboração	Habilidade de elaborar problemas a partir de alguns dados, completar um problema, acrescentar detalhes em uma ideia.	Trabalhar perímetro e área de figuras planas. Burilando e colocando detalhes na ideia: desenhar figuras que tenham o mesmo perímetro e áreas diferentes; desenhar figuras que tenham a mesma área e perímetros diferentes.

Fonte: Guilford, 1967, p.12.

Como isso funcionaria na prática de sala de aula? Vejamos, por exemplo, uma situação concreta de originalidade. Ao pedirmos a estudantes de uma turma de 9º ano, do ensino fundamental, que determinassem a medida da área da região triangular hachurada na figura abaixo, o que se obteve foi o seguinte:

Figura 2 - Diagonal de um quadrado lado 1

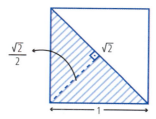

Fonte: elaborado pelo autor, 2020.

Todos(as), exceto uma, aplicaram a fórmula que fornece a área de uma região triangular ($A = \frac{base \times altura}{2}$), efetuando os complicados cálculos:

$$A = \frac{\sqrt{2} \cdot \frac{\sqrt{2}}{2}}{2} = \frac{\frac{\sqrt{2} \cdot \sqrt{2}}{2}}{2} = \frac{\frac{\sqrt{4}}{2}}{2} = \frac{\frac{2}{2}}{2} = \frac{1}{2}$$

Algumas pessoas não se lembravam da "fórmula" e não sabiam como chegar a ela; outras, não se lembravam das "regras" de multiplicação de radicais, mas todas, exceto uma, procuravam lembrar a fórmula para aplicá-la. Apenas uma pessoa do grupo refletiu sobre o problema e foi original, observando que o triângulo hachurado representava a metade da região quadrada de lado 1. Como a medida da área da região quadrada de lado 1 era igual a 1, a da região triangular seria ½. É muito provável que, nessa turma, a aplicação direta de fórmulas e esquemas prontos tenham sido supervalorizados até então, sufocando a reflexão, a imaginação e a criatividade das e dos estudantes.

2.5 Criatividade e Matemática

Se aceitamos que imaginar, criar, explorar, tomar iniciativa, inventar problemas (que a própria curiosidade das crianças faz surgir naturalmente) e resolvê-los é a meta principal do ensino da Matemática nesse estágio inicial, devemos atacar esses pontos de modo direto, criando condições para que a criança possa desenvolver essas características. Nada é mais estimulante do que perceber que, no início da Matemática escolar, o desenvolvimento dos números naturais, pode ser visto, em sua essência, como que representando a própria criatividade, na sua forma mais simples. A Matemática elementar se inicia com os números naturais:

$$0, 1, 2, 3, 4, 5, \ldots$$

Eles podem ser vistos como um desenvolvimento:

$$0, 0', 0'', 0''', 0'''', 0''''', \rightarrow$$

O início é o 0 e continua sempre, com um processo de avanço, que é a operação unária de sucessor, representada por '. Parece razoável pensar que esse desenvolvimento dos naturais é criativo, no sentido de que cada número natural obtido pela operação de sucessor é diferente de todos que o precedem.

Embora inspirado nos naturais, esse desenvolvimento pode ser visto, de uma maneira geral, assim:

* tem um começo;

* tem um modo uniforme de avançar em estágios;

* avança indefinidamente.

Representando por 0, o começo e ', o processo uniforme de avanço que faz passar de cada estágio para o seguinte, temos:

começo: 0
1º estágio: 0'
2º estágio: 0''
3º estagio: 0'''

Nesse processo, a seta significa que o desenvolvimento procura prosseguir indefinidamente. Podemos ver esse desenvolvimento como criativo, no sentido de que cada estágio é diferente dos que o precedem, de modo que o desenvolvimento vai sempre revelando coisas novas. A maneira uniforme de continuar, além da simplicidade decorrente, ampara, de modo mais efetivo, o anseio de continuar indefinidamente:

$$0\ 0'\ 0''\ 0'''\ 0''''\ 0'''''\ \rightarrow$$

Há outros significados que podemos atribuir a esse desenvolvimento. Por exemplo, escolhemos uma unidade "u" de medida de comprimento. Começamos sem nada e avançamos acrescentando uma dessas unidades:

início
1º estágio: |_u_|
2º estágio: |_u_|_u_|
3º estágio: |_u_|_u_|_u_|

↓

Esse desenvolvimento vai gerando a semirreta:

Figura 3 - Semirreta

Fonte: elaborado pelo autor, 2020.

Observamos que, embora o desenvolvimento criativo que vai gerando os naturais, e aqui gerando a semirreta, não tem fim, um anseio de "completamento" nos anima a falar de semirreta como algo acabado e dos naturais, como um todo. Esse nosso desenvolvimento pode gerar também a reta, o segmento de reta, o plano, o ponto etc. Vejamos como gerar a reta: começamos com um ponto.

• ○

Passamos, agora, para:

Figura 4 – Reta

Fonte: elaborado pelo autor, 2020.

Depois, para:

Figura 5 – Reta

Fonte: elaborado pelo autor, 2020.

E, assim, sucessivamente:

Figura 6 – Reta orientada nos dois sentidos

Fonte: elaborado pelo autor, 2020.

Podemos também obter o plano pelo nosso desenvolvimento. Começamos com um ponto:

Passamos para:

Figura 7 – Círculo cujo raio mede u (comprimento u)

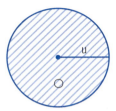

Fonte: elaborado pelo autor, 2020.

E, depois, para:

Figura 8 - Círculo cujo raio mede 2u (comprimento 2u)

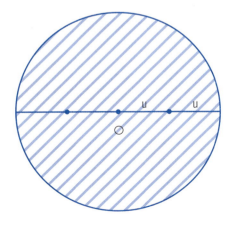

Fonte: elaborado pelo autor, 2020.

E, assim, sucessivamente a figura vai se expandindo gerando o plano.

Nossos desenvolvimentos não precisam ser vistos sempre como um crescimento. A ideia geométrica de ponto tem a ver com o seguinte desenvolvimento decrescente: começamos com um círculo, cuja medida do raio é "u":

Figura 9 - Círculo com raio medindo u

Fonte: elaborado pelo autor, 2020.

Passamos para outro círculo, cuja medida do raio é metade da anterior:

Figura 10 - Círculo com raio medindo a metade de u central

Fonte: elaborado pelo autor, 2020.

E para outro cuja medida do raio é metade da anterior:

Figura 11 - Círculo com raio de comprimento um quarto de u

Fonte: elaborado pelo autor, 2020.

E assim, sucessivamente, chegamos ao ponto.

•

Como se vê, há muitos conceitos matemáticos significativos que se depreendem do desenvolvimento dos números naturais. Ele é um minimundo, que deve ser explorado com profundidade pela criança, antes das codificações. Elas virão mais tarde, com as próprias crianças exigindo, tendo em vista as suas interações com o contexto social em que vivem.

Mas, o que é mais importante observar aqui, é que esse desenvolvimento parece captar algumas características fundamentais do que se entende usualmente por criatividade, quais sejam:

- ela está sempre recomeçando;

- sempre encontra um jeito de continuar;

- cada um dos seus resultados é uma novidade;

- nada parece aquietá-la e procura sempre prosseguir.

Vejamos a analogia entre essas características e as do desenvolvimento mencionado anteriormente. A criatividade está sempre recomeçando e, ao recomeçar, parte de um início. No desenvolvimento, temos um início que foi indicado por 0.

A criatividade sempre encontra um jeito de continuar. Obviamente, como já vimos, essa maneira de continuar não é uniforme. Sentimos que o processo criativo envolve muitos pensamentos, sentimentos, influências socioculturais, rodeios, longos períodos de preparação e reflexão, curtíssimos períodos de iluminação etc., até que algo novo surja, mas, tentando reduzir a criatividade à sua simplicidade básica, à sua forma mais simples possível, chegamos ao nosso desenvolvimento.

Na criatividade, cada um dos seus resultados é uma novidade, algo diferente do que já existia. No desenvolvimento, cada estágio é uma criação nova, distinta da anterior. Criamos o primeiro estágio 0', que é diferente de 0. Aplicando o processo uniforme ' ao primeiro estágio, obtemos o segundo estágio 0'', que é diferente dos dois anteriores, e assim por diante.

Finalmente, nada parece aquietar a criatividade. Ela procura sempre prosseguir, nunca se satisfazendo. Assim é também com o desenvolvimento dos números naturais, que anseia em prosseguir indefinidamente.

Parece, então, razoável que esse desenvolvimento seja identificado como um anseio criativo que representa, essencialmente, em sua simplicidade básica, a criatividade. E, como propomos que a criatividade, a iniciativa, a aventura, sejam as metas fundamentais do ensino da Matemática e da própria escola, o valor educativo desse desenvolvimento parece inestimável.

CRIATIVIDADE

Os naturais, assim concebidos, como um desenvolvimento criativo, estão na base da educação matemática elementar. Assim, parece-nos essencial trabalhar esse desenvolvimento com a criança, pois, fazendo isso, estamos trabalhando diretamente os aspectos da criatividade.

Essa nos parece uma possibilidade de iniciar o ensino da Matemática de modo a desenvolver na criança a imaginação, a criatividade e a aventura. Também nos parece importante associar a isso estórias e desenhos. A aventura criativa seria contar e escrever estórias e fazer desenhos, no sentido mais imaginativo e criativo possível, sem preocupações com coerência e linguagem nas estórias ou padrões estéticos, nos desenhos, a não ser as que surgirem naturalmente. Desenhos e estórias podem ser criados separadamente, mas, pouco a pouco, podem ir se inter-relacionando e uma vivência mais ampla vai se delineando. Agora, estórias requerem desenhos e desenhos ilustram estórias. Estórias se encadeiam em estórias maiores e desenhos se juntam em panoramas mais amplos. Em síntese, temos estórias ilustradas ou desenhos com pequenos enredos. Surgem aqui e podem ser exploradas as ideias de relacionamentos, parte e todo etc.

As estórias têm um começo e podem ser continuadas. Isso dá ideia de um processo começando, evoluindo e podendo ser sempre continuado. Eis outra característica semelhante ao nosso desenvolvimento. Os desenhos revelam certos componentes simples e belos: os segmentos de reta, os triângulos, os círculos etc; surgem, assim, as figuras geométricas. Tudo dentro de um contexto envolvente de imaginação e criatividade, sem limitações.

Depois da criança se envolver integralmente em desenvolvimentos semelhantes ao já citado, aguçando a sua imaginação e iniciativa, parece interessante que ela procure se inteirar do que está ocorrendo fora daquele seu mundo criado. E, aí, ela se encontra com problemas da vida diária, capta esses problemas, traz para o seu mundo e de modo imaginativo, procura resolvê-los. Agora, sim, esses problemas são incorporados naturalmente à vivência e fazem sentido.

2.6 Desenvolvendo a criatividade e a intuição com a Geometria

Um assunto da Matemática muito útil para desenvolver a criatividade a intuição, é a Geometria, uma das unidades temáticas cujo ensino é bastante discutido em Educação Matemática. Mas, como sempre foi apresentado formalmente, com definições rígidas e propriedades destacadas, mais para estudantes memorizarem do que sentir e intuir, a Geometria não tem favorecido o desenvolvimento da criatividade e intuição.

Mostramos a seguir como, por exemplo, em um 5º ano do ensino fundamental, poderia ser trabalhada a ideia de retângulo, de modo informal, intuitivo.

Olhemos um pouco para os objetos à nossa volta, prestando atenção em suas **formas**. Em particular, observemos uma folha de caderno, uma capa de livro, a parte de cima de uma caixa de fósforo. Parecem ter a mesma forma.

Para destacar essa forma, tomemos um pedaço de arame e contornemos a folha de caderno com ele. A seguir, tentemos traçar, com lápis ou caneta, esse contorno. Obtemos algo como a figura abaixo.

Figura 12 - Retângulo

Fonte: elaborado pelo autor, 2020.

É bem parecido com o contorno de arame, só que em tamanho menor. É costume dar a essa forma o nome de forma retangular ou, abreviadamente, **retângulo**. Procuremos analisar a seguir o contorno dessa forma. Chama a atenção que se compõe de 4 partes bem distintas, que vamos chamar de **lados**. Na figura abaixo, as medidas desses lados são representadas pelas letras a, b, c, d.

Figura 13 – Retângulo com suas dimensões

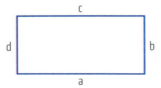

Fonte: elaborado pelo autor, 2020.

Esses lados são iguais (têm as mesmas medidas) aos pares, ou seja:

$$a = c$$

$$b = d$$

São, por assim dizer, os lados opostos que têm medidas iguais. Podemos também dar relevo aos cantos nos quais lados vizinhos se encontram, chamando-os de **vértices**. Na figura, esses vértices são rotulados por A, B, C, D.

Figura 14 – Retângulo com seus vértices

Fonte: elaborado pelo autor, 2020.

Assim, um retângulo tem 4 lados e 4 vértices. Observemos, finalmente, a maneira como cada lado encontra os dois que lhe são vizinhos. Compare, por exemplo, com a figura seguinte.

Figura 15 – Paralelogramo

Fonte: elaborado pelo autor, 2020.

Parece justo dizer, tem 4 lados e 4 vértices, os lados opostos têm medidas iguais e, no entanto, não é retângulo. No retângulo, os lados vizinhos se encontram sem inclinação (de um relativo ao outro). Dizemos que são perpendiculares. Na figura abaixo, evidenciamos isso.

Figura 16 – Retângulo com 4 ângulos retos

Fonte: elaborado pelo autor, 2020.

Reparamos que há muitos tipos de retângulos, mas, esquecendo as diferenças apenas de grandeza, ficamos com a diferença mais essencial dada pelo tamanho relativo dos lados. Assim, temos os retângulos cujas medidas dos lados maiores são o dobro das medidas dos lados menores.

Figura 17 – Retângulo com um lado medindo o dobro do outro

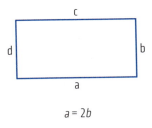

$a = 2b$

Fonte: elaborado pelo autor, 2020.

Temos aqueles em que as medidas dos lados maiores são o triplo das medidas dos lados menores; os que as medidas dos lados maiores são uma vez e meia as medidas dos lados menores; e assim por diante. Uma proporção famosa é que a medida do lado maior dividida pela medida do menor iguala a soma deles dividida pela medida do maior.

Figura 18 – Retângulo áureo

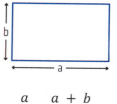

$$\frac{a}{b} = \frac{a+b}{a}$$

Fonte: elaborado pelo autor, 2020.

Essa proporção é chamada de **proporção áurea**. Os retângulos cujas medidas dos lados estão nessa proporção, são chamados **retângulos áureos**. Há, também, naturalmente, aqueles em que todos os lados têm medidas iguais, ou seja, o **quadrado**. Percebemos, então, que todo quadrado é retângulo, mas certos retângulos não são quadrados.

Figura 19 - Quadrado

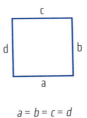

$a = b = c = d$

Fonte: elaborado pelo autor, 2020.

Agora, poderíamos colocar algumas questões abertas que desafiariam as e os estudantes, exigindo que tenham certa dose de iniciativa, imaginação, criatividade, elaboração própria etc.

- Observando objetos, tente destacar uma forma, como fizemos com os retângulos. Depois, procure analisar essa forma e descobrir tudo o que puder sobre ela.

- Tente evidenciar o maior número que puder de tipos de figuras geométricas com 4 lados e 4 vértices, como o retângulo (lados retilíneos). Chame a atenção para as suas semelhanças e diferenças.

- Trace o retângulo não quadrado que mais bonito lhe pareça. Depois, verifique se as suas proporções se aproximam das de um retângulo áureo.

* Escreva tudo que achar interessante sobre retângulos.

* Desenhe e pinte um painel usando só retângulos.

2.7   Criatividade na educação em geral

Uma das críticas sérias à nossa cultura é a grande escassez de criatividade. Verifica-se uma necessidade social muito grande de comportamento criador por parte de indivíduos criadores. Como a Matemática é apenas um dos componentes curriculares no processo educativo, procuramos levar essa preocupação com aspectos criativos para a educação de modo geral. E, aí, defendemos a importância de dar maior atenção à necessidade de uma educação que não sufoque iniciativas, inovações e atividades criativas.

Muitos educadores e educadoras admitem que a criatividade seja a gema mais preciosa da educação, sua expressão mais sublime. Por quê? A sociedade muda seus valores constantemente e numa velocidade vertiginosa. Não é mais possível "preparar uma criança para o futuro", pois não temos como prever esse futuro. O que parece certo é que não se pode mais ensinar exclusivamente fatos e habilidades que hoje são relevantes, pois o que hoje é importante pode não ser daqui a dez ou vinte anos. Um caminho razoável parece ser o de preparar a criança de hoje para sair de situações novas, quaisquer que sejam elas. Para isso, criar condições para que ela possa desenvolver características como iniciativa, espírito explorador, criatividade e originalidade parece fundamental.

Acreditamos que educar é criar condições para que possa emergir o novo (o ser humano novo, a sociedade nova e, quem sabe, o mundo novo). Essa criação de condições é primariamente uma busca de amplitude e universalização, um anseio de eterna superação; e a criatividade tem aí papel fundamental. O avanço criativo é acompanhado por uma permanente busca de explicitações, surgindo as estabilizações, objetividades e mundos emergentes (os "completamentos"). Mas essas estabilizações são continuamente enriquecidas por novos significados. O contínuo enriquecimento vai realimentar novas ampliações e superações, que, por sua vez, vão ocasionar novas ações de esmiuçar e analisar, num eterno círculo. Nessa permanente criação e enriquecimento está a base das nossas mais profundas crenças educativas.

De acordo com esses ideais, a criatividade torna-se a própria alma do projeto educativo e a criação de ambientes educativos, o objetivo primordial, pois só assim o novo poderá emergir para educandos, iluminando progressivamente seu caminho, motivando e liberando o processo de aprendizagem.

2.8 Como estimular a criatividade de alunos em Matemática

Torrance e Torrance (1974) listam alguns princípios para que a criatividade das crianças não seja sufocada, tais como: respeitar as perguntas das crianças e levá-las a encontrar, por si mesmas, as respostas; respeitar as ideias originais inabituais delas e fazer com que descubram o valor dessas; mostrar às crianças o valor de suas ideias; adotar, entre elas, as ideias que possam ser aplicadas em sala de aula; dar trabalho livre às crianças, sem ameaça de nota ou julgamento de valor e nunca formular julgamento sobre a conduta das crianças sem explicar sempre suas causas e consequências.

Ressaltando, ainda, a importância de se dar liberdade ao pensamento criativo das crianças, os autores Johnson e Rising (1972) dedicam um capítulo inteiro do seu livro para falar sobre atitudes positivas em relação à Matemática e à criatividade. Eles nos explicam que, caso queiramos que alunas e alunos pensem por conta própria, devemos permitir-lhes tentar suas próprias ideias e respostas, incentivando sua participação e alimentando a criatividade.

Se nós, como educadoras e educadores, dermos apenas fatos, regras e exercícios, não teremos motivos para esperar um pensamento criativo. Se pensamos que há somente uma solução para um problema, os(as) alunos(as) têm pouco incentivo para demonstrar originalidade (JOHNSON; RISING, 1972). Sendo assim, segundo os autores, não devemos sufocar o entusiasmo, a originalidade ou a criatividade, exigindo conformidade na análise no método ou na linguagem.

É importante lembrarmos também que a Matemática oferece muitas e diferentes oportunidades para incentivar o pensamento criativo e original, como escrever e resolver problemas originais ou estabelecer teoremas com suas próprias palavras. Sabendo disso, Jonhson e Rising (1972) dão algumas ideias que podem favorecer a criatividade nas aulas de Matemática, por exemplo: determinar porque funciona um algoritmo; inventar novos símbolos para números ou um novo sistema de numeração; inventar

CRIATIVIDADE

novas operações ou novas formas de efetuar a divisão, multiplicação ou extração de raízes; escrever um poema matemático, ensaio ou estória; descobrir uma nova prova para um teorema; construir um modelo original, por exemplo, uma regra para achar as raízes de uma equação cúbica; inventar um novo sistema de medidas com unidades apropriadas; ou, ainda, encontrar uma nova maneira de representar informações algébrica e graficamente.

Diante disso, é importante que nos façamos alguns questionamentos, tais como os feitos por Johnson e Rising (1972): será que nossas e nossos estudantes estão participando ativamente na descoberta de conceitos por meio de pensamento reflexivo, resolução de problemas, experimentação, análise ou generalização? Será que são encorajados(as) a fazer perguntas, corrigir erros, propor novas soluções ou provas e introduzir conceitos que são diferentes daqueles do texto ou da discussão em classe? É solicitado que estudantes justifiquem suas respostas, afirmações, métodos e regras, de forma que saibam "o porquê" tão bem quanto o "como" do que fazem? Os e as estudantes são encorajados(as) a explorar tópicos independentemente? São dados a estudantes projetos de pesquisa aberta, relatórios, redações criativas e atribuições suplementares? O(a) professor(a) mostra entusiasmo e gosto pelo seu trabalho e por seus e suas estudantes e aprecia as novas ideias?

Dunn (1975) cita os testes de Mednick como uma tentativa de traduzir, em termos matemáticos, o padronizado item do pensamento divergente. O primeiro item no teste de Mednick pede para que o(a) estudante use os símbolos $+$, $-$, $\times$, $\div$ e $(\ )$, se necessário, para escrever quantas equações forem possíveis com os três números fornecidos em uma dada ordem e com um sinal de igual. Se os três números dados forem 2, 3 e 8, então as possíveis respostas incluem:

Figura 20 – Respostas possíveis

$$2^3 - 8 = 0$$

$$2 \times 3 + 8 = 14$$

$$\frac{2}{3} \div 8 = \frac{1}{12}$$

Fonte: elaborado pelo autor, 2020.

De acordo com Dunn (1975, p. 5), Bishop "produziu alguns testes de pensamento divergente que são um avanço na maioria dos testes usados nas pesquisas descritas anteriormente em que elas envolvem comportamentos que parecem ser mais especificamente matemáticos":

a) Dois números ímpares somados dão 20. Quais são eles?

b) Escreva duas questões que tenham como resposta 20.

c) $(p + q)(r + s) = 36$, encontre p, q, r e s.

Dunn (1975) explica, ainda, que Fielker (1968) tem mostrado o tipo de questão de exame que pareceria ser a consequência lógica de uma sala de aula criativa. Exemplos:

1. Escreva sobre a Matemática de um tabuleiro de xadrez.

2. Escreva um ensaio sobre círculos.

3. Investigue o conjunto de triângulos que têm medidas de perímetros de 12 unidades.

Nos seus estudos sobre os testes de criatividade matemática, Dunn (1975) conclui que:

> Todo esse interesse crescente e desenvolvimento quanto à criatividade matemática e suas medidas, modifica as ideias sobre escolaridade, sobre o processo de aprendizagem, sobre como a matemática tem desenvolvido a si mesma historicamente e sobre a distinção entre a matemática enquanto produto e a matemática enquanto processo (p. 6).

Sobre a criatividade em Matemática por parte dos alunos, Dunn (1975) destaca a importância de se organizar a sala de aula para que as crianças tenham oportunidade de se envolverem na criação de sua própria Matemática. Considerando a necessidade desse estímulo, veremos, a seguir, exemplos de atividades que podem ser utilizadas em sala de aula, a fim de estimular a criatividade dos(as) alunos(as) em Matemática[1].

---

1   Para outras considerações e exemplos sobre a avaliação da criatividade em Matemática, veja: ALENCAR, Eunice M. L. Soriano de; BRUNO-FARIA, Maria de Fátima; FLEITH, Denise de Souza (orgs.). **Medidas de criatividade**: teoria e prática. Porto Alegre: Artmed, 2010.

2.9 Atividades que podem estimular a criatividade de estudantes em Matemática: sugestões a docentes

A seguir, daremos algumas sugestões de atividades que docentes podem desenvolver nas aulas de Matemática, para favorecer a emersão do potencial criativo das e dos estudantes.

- Incentivar os(as) estudantes a participarem ativamente na redescoberta de conceitos, por meio do pensamento reflexivo, da elaboração e resolução de problemas, da análise e da experimentação com materiais didáticos.

- Encorajar as e os estudantes a fazerem perguntas (quando estão estudando ou ouvindo uma explicação) e a proporem outras soluções a uma questão ou problema.

- Permitir que as e os estudantes explorem alguns tópicos do programa de maneira independente, pesquisando na internet, assistindo a vídeos etc. (ensino híbrido).

- Propor questões abertas para pensar e explorar.

- Propor às e aos estudantes projetos de pesquisa, relatórios e redações matemáticas criativas.

- Propor tópicos enriquecedores para desenvolvimento livre, fora do programa escolar.

CRIATIVIDADE

- Solicitar que as e os estudantes que justifiquem respostas, afirmações, métodos, regras e algoritmos, de tal forma que saibam "o porquê" tão bem quanto "o como" do que fazem.

- Propor, nas avaliações, questões de raciocínio lógico ("problemas só de pensar") sem necessidade de conhecimento matemático; questões abertas, testes de compreensão de um texto matemático, prova com consulta (com livro e caderno abertos) etc.

- Facilitar o acesso de estudantes a material de leitura, ilustrações, material didático concreto, aplicações de Matemática, jogos, quebra-cabeças matemáticos, problemas desafiadores, truques numéricos, paradoxos etc.

- Solicitar que as e os estudantes inventem jogos para explorar conceitos matemáticos (por exemplo, dominó de tabuadas, batalha naval e coordenadas etc.)

- Solicitar que as e os estudantes inventem estórias ilustradas, incluindo nelas algo de Matemática.

- Solicitar que as e os estudantes montem uma peça, um teatrinho, e representem para a turma, incluindo nela assuntos de Matemática.

- Colocar, de vez em quando, uma pergunta inesperada para explorar. Por exemplo:

    a) Que tal um sistema de numeração com base negativa?

b) Já que o produto de frações é dado por $\dfrac{a}{b} \times \dfrac{c}{d} = \dfrac{ac}{bd}$, por que a soma de frações $\dfrac{a}{b} + \dfrac{c}{d}$ não é dada por $\dfrac{a+c}{b+d}$?

2.9.1 Despertar curiosidade

Para despertar a curiosidade das e dos estudantes, podemos, por exemplo, solicitar que pesquisem as respostas para as seguintes questões.

a) Por que será que os números 2, 3, 5, 7, 11, etc. são chamados de **números primos**?

b) Por que a grande maioria das caixinhas de remédios tem a forma de bloco retangular?

c) Por que a semana tem 7 dias?

d) Você sabia que existem **números amigos** e **números perfeitos**? Procure descobrir quais são.

e) Você sabia que existem números triangulares? Por exemplo, são triangulares os números 1, 3, 6, 10, 15, 21... Qual seria o 10º número triangular? Por que têm esse nome?

f) Você sabia que os números que podem ser lidos igualmente da esquerda para a direita e da direita para a esquerda, como 12 321, 1 001, 2 222, são chamados **palíndromos**? Invente outros números palíndromos. Escreva palavras que sejam palíndromos, como ARARA.

g) **Números pitagóricos** ou **ternas pitagóricas** são números naturais não nulos que obedecem a seguinte relação: $a^2 + b^2 = c^2$.

Complete o quadro para que cada linha forme uma terna pitagórica abaixo.

Tabela 1 – Números pitagóricos ou ternas pitagóricas

A	b	c
3	4	5
5	12	13
7	24	25
9	40	41
11	60	m
13	n	85
P	112	113
17	q	145

Fonte: elaborado pelo autor, 2020.

2.9.2 Estimular a imaginação

Para aguçar a imaginação e a total liberdade de pensar das e dos estudantes, podemos solicitar que imaginem o maior número possível de respostas a cada uma dessas questões.

a) E se.... Todos os objetos fossem redondos?

b) E se... A gente tivesse 6 dedos em cada mão?

c) E se... Não existissem os números?

d) E se.... Num gráfico cartesiano, os eixos fossem inclinados e não perpendiculares?

e) E se ... Ainda não tivessem inventado a roda?

f) E se ... Não houvesse o zero em nosso sistema de numeração?

g) E se ... O Sol é que girasse em torno da Terra?

h) Um teste para medirmos o grau de imaginação de uma pessoa é colocarmos uma estória ou uma imagem e pedir que ela coloque tantos títulos quantos conseguir. Imagine e escreva quantos títulos for capaz para a seguinte estória do zero:

> O zero percorreu um longo caminho até ganhar seu status de número. Há quem diga, não sem razão, que o zero foi uma das maiores

CRIATIVIDADE

invenções da humanidade. Sem ele poderíamos não fazer os cálculos que hoje fazemos. A física, a química, a biologia e muitas outras ciências não teriam se desenvolvido. Você não teria seu computador e o homem não teria chegado à Lua.

Sua heroica trajetória, provavelmente começou com os babilônios, chegou até os indianos, na Índia, e aos árabes que trouxeram o zero para Europa. Mesmo no continente europeu, o zero foi vítima de muitos preconceitos e em algum tempo foi proibido de ser usado. Há ainda hoje uma dificuldade de se entender quando devemos iniciar a contagem pelo 0 e não pelo 1.

Um exemplo interessante dessa dificuldade vamos encontrar quando o papa Gregório XVIII (1502-1585) promulgou o nosso calendário em 24 de fevereiro de 1582, os séculos passaram a ser representados por algarismos romanos. Nesse sistema de numeração não há representação para o zero. O que aconteceu? O século que abrange os anos de 0 a 99, deveria ser o século 0 e não o século I. É como uma criança que houvesse nascido já com 1 ano. Assim, se o Papa Gregório não tivesse cometido esse engano, estaríamos no século XX e não no XXI.

Um outro exemplo, ocorre quando por exemplo se lança uma revista. Vê-se na capa No 1 – ANO 1, quando o correto deveria ser ANO 0. Como vemos até hoje, em algumas situações, temos dificuldade de aceitar a existência do zero. Mas se não fosse ele... (DOMINGUES, 2018, p.11).

Possíveis títulos para esse texto:

* Ah, se não fosse o zero...

* Zero, uma das maiores invenções da humanidade.

* Zero, um número que lutou para ser aceito.

* Por que contamos a partir do 1 e não do 0?

* Zero, o mais injustiçado dos números.

* Sem o zero como iríamos diferenciar o 25 do 20 005?

* Muito prazer, eu sou o zero. Você me conhece?

* O erro de um papa que não conhecia o zero.

* Não se esqueça que o zero existe.

2.9.3 Fluência, flexibilidade, originalidade e elaboração

Já vimos que são componentes do pensamento criativo: fluência, flexibilidade, originalidade e elaboração. Vejamos agora outras atividades envolvendo essas 4 características.

CRIATIVIDADE

Para medir a **fluência** das e dos estudantes, podemos solicitar que desenvolvam as atividades seguintes.

a) Em alguns minutos (fixar), escreva o maior número de palavras da Matemática que terminam com ão.

b) Em alguns minutos (fixar), lembre o maior número de objetos que se parecem com o cilindro.

c) Em alguns minutos (fixar), lembre a maior quantidade de números primos.

d) Em alguns minutos (fixar), lembre o maior número possível de figuras geométricas com quatro lados retilíneos.

Para medir a **flexibilidade** de pensamento das e dos estudantes, podemos pedir que realizem as atividades seguintes.

a) Usando apenas o algarismo 9 cinco vezes, exprima o número 10, de várias maneiras. Algumas soluções são:

$$\frac{99}{9} - \frac{9}{9}$$

$$9 + \frac{99}{99}$$

$$9 + 99^{9-9}$$

b) Escreva o número 100 usando:

◇ cinco algarismos 1;

◇ cinco algarismos 3;

◇ cinco algarismos 5.

c) Escreva o número 1 000 usando apenas 8 vezes o algarismo 8.

d) Escreva os números de 1 a 5 usando quatro "setes".

e) Escreva o número 2 usando apenas os algarismos 3, 4, 6 e 8.

f) Como colocar 10 pessoas em 5 filas com 4 pessoas em cada fila?

g) Cite, ao menos, 3 soluções para o problema: trocar uma cédula de 10 reais, podendo usar cédulas de 5 reais, de 2 reais e moedas de 1 real.

h) Escreva todas as possibilidades para obter a quantia de R$ 30,00, usando apenas cédulas de R$ 5,00, R$ 10,00 e R$ 20,00.

i) Separe a região dada em duas partes, de mesma forma e tamanho, e pinte cada parte com uma cor. Veja as 4 soluções e faça mais 6. No total são mais do que 10 soluções.

CRIATIVIDADE

Figura 21 – Possíveis soluções

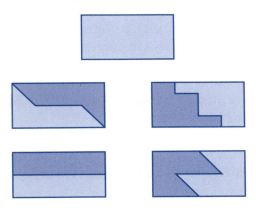

Fonte: elaborado pelo autor, 2020.

j) Um professor mostrou as 4 figuras abaixo e perguntou para a classe: "Qual das figuras é a INTRUSA, ou seja, qual não tem uma apropriedade que as outras 3 figuras têm? Há várias respostas corretas! Descubra-as!

Figura 22 - Intrusa

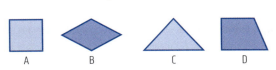

Fonte: elaborado pelo autor, 2020.

83

Em relação à **originalidade**, vejamos este exemplo: Gauss (Carl Friedrich Gauss, 1777-1855), o príncipe da Matemática, foi original ao calcular a soma $1 + 2 + 3 + 4 + 5 + ... + 98 + 99 + 100$, em poucos minutos, como relata a História da Matemática. Ele somou 1 com 100, 2 com 99, 3 com 98 etc. obtendo sempre 101. Ao fazer isso, ele obteve 50 somas iguais a 101, totalizando 5 050. Como, ao fazer isso, considerou sempre duplas de números (1 com 100, 2 com 99 etc.), ele tomou o 5 050 e dividiu por 2 obtendo 2 025, que é a soma procurada.

Outro exemplo de originalidade: um sitiante colocou em uma caixa besouros e aranhas, num total de 8 insetos e contou 54 pernas. Sabendo que besouros têm 6 pernas e aranhas 8, quantos são os besouros e quantas são as aranhas que estão na caixa?

Solução trivial, normal: admitindo-se que temos x besouros e y aranhas, é possível montar o seguinte sistema de equações:

$$\begin{cases} x+y=8 \\ 6x+8y=54 \end{cases}$$

Ao resolvê-lo, encontramos: $x = 5$ e $y = 3$.

Solução original, criativa: se na caixa houvesse apenas besouros, teríamos $8 \times 6 = 48$ pernas, 6 a menos do que diz o enunciado. Se substituir um besouro por uma aranha, o número de pernas aumentará de 2 unidades. Se fizermos essa operação 3 vezes, o número de pernas chegará a 54. Então, dos 8 besouros ficarão apenas 5, pois 3 deles se "transformaram" em aranhas. Teremos na caixa 5 besouros e 3 aranhas.

CRIATIVIDADE

Para medir a **originalidade** de pensamento, podemos pedir que as e os estudantes realizem, dentre outras, atividades como as citadas abaixo.

Veja as frases que Ana criou com duas palavras dadas do vocabulário matemático.

Palavras: cubo e face(s).

Frases: "um cubo tem 6 faces." e "em um cubo, toda face é quadrada."

Agora você! Crie duas frases em cada item com as duas palavras dadas.

a) Número(s) e soma;

b) medida(s) e metro(s);

c) equação e raiz ou raízes;

d) ângulo(s) e triângulo(s);

e) fração e porcentagem.

Para medir a **elaboração**, podemos pedir que realizem, dentre outras, atividades como:

a) Complete o problema e resolva-o. Felipe tem R\$ 100,00 e quer comprar uma bola de basquete que custa R\$ 79,90.

b) Invente e resolva um problema com os dados: 2 cadernos custam R$ 15,00; 6 lápis custam R$ 3,00. O troco recebido foi de R$ 32,00.

c) O tema é futebol! Desenhe um campo de futebol, invente um problema com esse tema e resolva-o.

d) Desenhe um robô usando sólidos geométricos. Invente uma estória sobre ele.

e) Escreva uma poesia que envolva a Matemática.

f) Em vez de contar de 10 em 10 e usar os dez símbolos 0, 1, 2, 3, ..., 8, 9, conte de 5 em 5 e use os cinco símbolos 0, 1, 2, 3, 4. Que sistema de numeração é esse? Escreva alguns números nele.

g) Complete a frase: O círculo para mim é _____
_____

h) O tema é "economia de água". Elabore um problema.

Vamos a questões e problemas desafiadores que exigem pensamento criativo.

a) Obtenha o número 99 por meio da soma dos nove algarismos 1, 2, 3, 4, 5, 6, 7, 8 e 9, de tal modo que nenhum dos algarismos se repita e que todos entrem na combinação, podendo-se agrupar alguns deles dois a dois. Por exemplo:

CRIATIVIDADE

$$9 + 17 + 24 + 35 + 6 + 8$$

Esta é uma adição, cuja soma dá 99 e satisfaz todas as condições, mas existem muitas outras adições com tais características. Encontre-as.

b) No criptograma abaixo, cada letra assume um único valor, de 0 a 9. Qual é o valor de cada letra?

```
    H  A  V  E
+   S  O  M  E
─────────────
 M  O  N  E  Y
```

c) Um tijolo pesa 1 kg mais meio tijolo. Quanto pesará um tijolo e meio?

d) Algumas crianças estão sentadas em volta de uma mesa e a mãe de Joãozinho lhes dá um saquinho com 15 balas. Cada criança pega uma e passa o saquinho adiante. Joãozinho pega a primeira e a última bala e poderia pegar mais do que essas duas balas. Quantas crianças poderiam estar sentadas em volta da mesa? Resposta: 2, 7 e 14 crianças.

e) Pedrinho disse a Paulo: "Se você distribuir 2 dúzias de lápis entre 5 colegas, você dará, com certeza, pelo menos 5 lápis a um deles." Como Pedrinho sabia disso?

f) Maria era uma pessoa muito esperta e legal. Sabia que a disposição da numeração nos ônibus era a seguinte:

Figura 23 – Planta de ônibus vista de cima

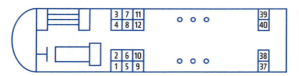

Fonte: elaborado pelo autor, 2020.

Num dia de calor, o sol batia do lado do motorista, Maria queria viajar na sombra e na janela, pediu o lugar número 19.

◇ Como ela chegou a essa conclusão?

◇ Que outros números ela poderia pedir?

g) Roger Von Oech (1995) em seu livro *Um "toc" na Cuca* – técnicas para quem quer ter mais criatividade na vida (p. 113), apresentou atividades para tornar o pensamento flexível. Ele deu "equações que podem ser resolvidas substituindo letras por palavras adequadas. Por exemplo:

◇ 7 D = 1 S (7 dias = 1 semana)

◇ T de 4 F = BS (trevo de 4 folhas = boa sorte)".

CRIATIVIDADE

Tente decifrar estas:

◇ 1 C = 10 D

◇ 10 D – 24 H = 9 D

◇ Invente outras.

Veremos, agora, questões e problemas desafiadores que exigem pensamento criativo, raciocínio lógico e criatividade.

Exemplo
Na margem de um rio está ancorada uma canoa que consegue transportar, no máximo, 130 kg. Três pessoas precisam atravessar esse rio e só têm a dispor essa embarcação. Acontece que João pesa 60 kg; Pedro, 65 kg; e Antônio, 80 kg. Como podem fazer para atravessar o rio usando essa canoa?

Sequências lógicas
Exemplo
Qual é o $5^{\underline{o}}$ termo da sequência:

a) (1, 2);

b) (2, 3);

c) (3, 10);

d) (4, 17)

Exemplo

A senha do meu cofre é uma sequência de 8 dezenas, todas menores que 50: 10 − 15 − 14 − 19 − 18 − 23 − 22 − **?** Essa sequência segue um padrão. Acontece que esqueci a oitava dezena dessa sequência. Ajude-me a encontrá-la.

Exemplo

Descreva uma regularidade na formação desta sequência:

$$0, 1, 2, 5, 26, 677, \ldots$$

Exemplo

Assinale com X a sequência que tem este padrão: "cada termo, a partir do 3º, é a soma dos quadrados dos dois termos anteriores".

1, 3, 10, 29, 129, ___, ___, ...

0, 2, 4, 18, 34, ___, ___, ...

0, 1, 1, 2, 5, ___, ___, ...

Complete a sequência assinalada, escrevendo mais 2 termos.

CRIATIVIDADE

Exemplo

Dada a sequência: 18, 26, 34, 42, **?**, Carlos descobriu uma regularidade e a descreveu assim: "Cada termo, a partir do 2°, é obtido aumentando 1 no algarismo das dezenas e diminuindo 2 no algarismo das unidades do termo anterior."

a) Como você descreveria essa regularidade de uma forma diferente da descrita por Carlos?

b) Qual é o 5° termo dessa sequência, de acordo com essa regularidade?

Exemplo

Crie uma sequência, completando.

O 1° termo é _____ e, a partir do 2° termo, cada termo _____

A sequência é: _____, _____, _____, _____, _____, _____

2.9.3.1 Falando sobre miniprojetos

Alguns exemplos de miniprojetos que estudantes, individualmente ou em pequenos grupos, poderiam executar de modo independente, com o objetivo de desenvolver a sua expressão, comunicação e síntese, aspectos do processo criativo, estão listados a seguir.

a) Matemática, o que é isso?

Matemática é uma ciência? Uma arte? Uma linguagem? Um sistema lógico? Um modo de pensar? Uma invenção da mente humana ou uma captação do ser humano do que já existe? Afinal, o que é a Matemática? Qual seu papel atual na sociedade? Qual sua necessidade nas várias carreiras profissionais?

b) Sistemas de numeração

Como eram os sistemas de numeração antigos? De onde vieram nossos atuais símbolos numéricos? Quais as diferentes maneiras de representar quantidades? Que diferentes bases podem ser usadas? Quais vantagens e desvantagens de cada uma delas? Você consegue inventar um novo sistema de numeração com novos símbolos? Invente um algoritmo em outra base que não a decimal.

c) Matemática e Natureza

Buscar formas geométricas na natureza: espirais, cristais, simetrias etc. A sequência de Fibonacci e o miolo da flor margarida e do girassol. O pentágono da flor avenca, a estrela-do-mar e os polígonos.

d) Matemática e Arte

Polígonos, perspectivas, simetrias, reflexões, translações, rotações, semelhança, proporcionalidade etc., são ideias matemáticas, relacionadas à Arte. Analisar as obras dos artistas como Piet Mondrian, M. C. Escher etc.

e) Matemática e Música

Pitágoras e as razões para a escala musical. Símbolos musicais e suas relações com a Matemática. O compositor aprende a Matemática da música. Por quê?

f) Matemática e Literatura

Matemática é frequentemente a base para ensaios, ficção, poemas e jogos. O mistério de uma trama pode ser analisado com a resolução de um problema matemático (basta ver os filmes de Sherlock Holmes). A prova de um crime num julgamento pode surgir de um modelo lógico etc.

g) Matemática e Religião

Como os números estão ligados à superstição e à magia? Como tem sido a relação dos números com a religião? Há ideias matemáticas nos livros sagrados? Etc.

h) Matemática e tecnologias digitais

Como a Matemática ajuda as tecnologias digitais? Como as tecnologias digitais ajudam a Matemática? Como funciona uma máquina de calcular? O que muda na Matemática com a chegada das tecnologias digitais? Qual Matemática se usa na programação de computadores? Etc.

i) O problema das 4 cores

Pesquisar como se pintam os mapas. Qual é o número máximo de cores de que precisamos para pintar um mapa, de modo que regiões adjacentes tenham cores diferentes.

Exemplo

Preenchimento do plano

Com quais polígonos regulares é possível preencher uma região plana? Com todos? Há alguma exceção? Se sim, qual é? Por quê? Por que não existem pisos pentagonais?

Exemplo

A constante matemática π: 3,14159...

Onde aparece o número π? Por que dizemos que ele é uma constante matemática? Com quantas casas decimais ele já foi calculado? Por que ele é um número irracional? Como encontrar experimentalmente uma aproximação do número π?

Exemplo

A relação de Euler: $V + F = A + 2$

Quem foi Euler? O que ele descobriu sobre alguns sólidos geométricos? Ao relacionar coisas não relacionadas até então, qual foi o seu ato criativo?

REFLEXÕES FINAIS

A ansiedade matemática está presente em estudantes de diversos níveis. Ela pode surgir na infância, nos primeiros contatos formais com a disciplina e envolve diversos sentimentos negativos em relação à Matemática.

Este livro se propõe a explicar esse fenômeno, sua origem e, principalmente, como superar a ansiedade matemática. Para tal, foram organizados tópicos e exemplos, a fim de que educadoras e educadores tenham a possibilidade de ajudar pessoas de todas as idades, inclusive crianças, a desenvolver a criatividade e a vivenciar a maravilhosa experiência de aprender Matemática com significado.

REFERÊNCIAS

ALENCAR, E. M. L. S. **Psicologia da Criatividade**. São Paulo: Artes Médicas Sul, 1986.

ALENCAR, E. M. L. S. **Como desenvolver o potencial criador**. 2ª ed. Petrópolis: Vozes, 1992.

ALENCAR, E. M. L. S.; FLEITH, D. S. **Criatividade**: múltiplas perspectivas. 3ª ed. Brasília: Universidade de Brasília, 2003.

ALENCAR, E. M. L. S; BRUNO-FARIA, M. F.; FLEITH, D. S. (orgs.) **Medidas de criatividade**: teoria e prática. Porto Alegre: Artmed, 2010.

ARAÚJO, T. **Criatividade na Educação**. Centro Popular de Cultura e Desenvolvimento (CPCD). São Paulo: Imprensa Oficial, 2009.

ASHCRAFT, M. Math anxiety: Personal, Educational, and Cognitive Consequences. Current Directions. In: **Psychological Science**, s/n, 181-185, out. 2002.

BEAUDOT, A. **A criatividade na escola**. Tradução de Marina S. Gutierrez e Bernadete Hadjioannov. São Paulo: Companhia Editora Nacional,1975.

BOALER, J. **Jo Boaler on Maths Anxiety**. 2020. Disponível em: <https://numeracycoach.edublogs.org/2018/05/04/233/>. Acesso em: 20 mar. 2021.

BOALER, J. **O que a Matemática tem a ver com isso?** Tradução de Daniel Bueno. Porto Alegre: Penso, 2019.

BODEN, M. A. **Dimensões da Criatividade**. Porto Alegre: Artmed, 1999.

BRASIL. Ministério da Educação. Secretaria de Educação Básica. **Base Nacional Comum Curricular** (BNCC). Brasília, 2018.

BUCKLEY, S. Deconstructing maths anxiety: Helping students to develop a positive attitude towards learning maths. **Australian Council for Education Research**. 2013. Disponível em: <https://research.acer.edu.au/learning_processes/16/>. Acesso em: 20 mar. 2021.

CAREY, E. *et al.* **Understanding Mathematics Anxiety**: Investigating the experience of UK primary and secondary school students. Cambridge, mar. 2019.

CARMO. J. S. Ansiedade à matemática: identificação, descrição operacional e estratégias de reversão. In: CAPIVILLA, F. (org.) **Transtornos de Aprendizagem**: progressos em avaliação e intervenção preventiva e remediativa. São Paulo: Memnon, 2011, cap. 5, p. 249-255.

CHACÓN, I. M. G. **Matemática emocional**: Los afectos en el aprendizaje matemático. 3ª ed. Madrid, Espanha: Narcea, S. A. de ediciones, 2011.

DANTE, L. R. **Incentivando a criatividade através da educação matemática**. 1980. 202 f. Tese (Doutorado) Faculdade de Educação: Matemática. São Paulo: Pontifícia Universidade Católica de São Paulo, 1980.

REFERÊNCIAS

DANTE, L. R. **Criatividade e resolução de problemas na prática educativa matemática**. Área: Educação Matemática. 91 páginas.Tese (Livre Docência). Rio Claro: Universidade Estadual Paulista, 1988.

DAVIS, J. M.; KELLY, L. Encouraging family involvement in math during the early years. **Dimensions of Early Childhood**, v. 45, n. 3 p. 4-10, 2017.

DEMPSEY, P.; HUBER, T. **Using Standards-Based Grading to Reduce Mathematics Anxiety**: A Review of Literature. Maio 2020 (no prelo).

DOWKER, A. Mathematics anxiety and performance. *In*: MAMMARELLA, I. C.; CAVIOLA, S.; DOKWER, A. (eds.) **Mathematics anxiety**: What is known and what is still to be understood. New York: Routledge, 2019, cap. 4, p. 62-76.

DOMINGUES, Joelza Ester. Calendário gregoriano: o tempo decretado pelo papa. In: DOMINGUES, J. E.: **Ensinar História**, Disponível em: <https://ensinarhistoria.com.br/calendario-gregoriano-o-tempo-decretado-pelo-papa/>. Acesso em: 20 mar. 2021.

DUNN, J. A. Tests of creativity in mathematics. **International Journal of Mathematical Education in Science and Technology**, v. 6, n. 3, p. 327-332, 1975.

Fieldcrest Elementary School. **Growth Mindset** – Talk It. Disponível em: <http://fieldcrestfalcons.blogspot.com/2014/01/growth-mindset-talk-it.html>. Acesso em: 15 set. 2020.

FIELKER, D. S. Examinations and Assessment: Mathematics Teaching Pamphlet. **Association of Teachers of Mathematics**, n. 14, 1968.

FREEDMAN, E. **Professor Freedman's Math Help**. MathPower.com. 2003. Disponível em: <http://www.mathpower.com/>. Acesso em: 20 mar. 2021.

GRAYS, S. D.; RHYMER, K. N.; SWARTZMILLER, M. D. Moderating effects of mathematics anxiety on the effectiveness of explicit timing. **Journal of Behavioral Education**, v. 26, n.1, p.188-200. 2017.

GONTIJO, C. H. **Resolução e formulação de problemas**: caminhos para o desenvolvimento da criatividade em Matemática. Trabalho apresentado no I Simpósio Internacional de Educação Matemática, Universidade Federal de Pernambuco, Recife, 2006.

_____. **Relações entre criatividade, criatividade em matemática e motivação em matemática de alunos do ensino médio**. Instituto de Psicologia – UnB. 133 páginas. Tese (Doutorado). Brasília: UnB, 2007.

GUILFORD, J. P. Creativity: Yesterday, Today and Tomorrow. **The Journal of Creative Behavior**. v. 1, n. 1, p. 3-14, 1967.

HOUAISS, A. **Dicionário Houaiss da Língua Portuguesa**. Rio de Janeiro: Objetiva, 2001.

JOHNSON, D. A.; RISING, G. R. **Guidelines for teaching Mathematics**. 2a ed. Wadsworth Belmont: Editora Publishing Company, 1972. EUA.

KNELLER, G. F. **Arte e ciência da criatividad**e. São Paulo: IBRASA, 1978.

MIEL, A. *Criatividade no Ensino*. 4ª ed. São Paulo: IBRASA, 1993.

REFERÊNCIAS

NACHBIN, L. **Talento, Criatividade e Expressão**. Atas da 5ª CIAEM, Educación Matemática en las Americas – V, UNESCO, 1979.

NEWELL, L. *Creativity*, **Encyclopedia of Educational Research**, 4ª ed. New York: The Macmillan Company, 1969.

NOVAES, M. H. **Psicologia da Criatividade**. Petrópolis: Vozes, 1975.

RICHARDSON, F. C.; SUINN, R. M. The Mathematics Anxiety Rating Scale: psychometric data. **Journal of Counseling Psychology**, v. 19, n. 1, p. 551-554, 1972.

ROSSNAN, S. Overcoming math anxiety. **Mathitudes**, v. 1, n. 1, p. 1-4, 2006.

SEELIG, T. **inGenium** – um curso rápido e eficaz sobre Criatividade. São Paulo: Boa Prosa, 2012.

SORVO, R. *et al*. Math anxiety and its relationship with basic arithmetic skills among primary school children. **The British Journal of Educational Psychology**. v. 83, n. 3, p. 309-327, 2017.

TAYLOR, W. C. **Criatividade**: Progresso e Potencial. Tradução de José Reis. São Paulo: Ibrasa, 1976.

TORRANCE, E. P. **Criatividade**: medidas, testes e aplicações. São Paulo: Ibrasa, 1976.

TORRANCE, E. P. TORRANCE, J. P. **Pode-se ensinar criatividade?** Tradução de Alberto Kremnitzer. São Paulo: Editora Pedagógica Universitária (EPU), 1974.

VON OECH, R. **Um "toc" na cuca** – técnicas para quem quer ter mais criatividade na vida. Tradução de Virgílio Freire. São Paulo: Cultura Editores Associados, 1995.

WHITNEY, H. **Workshops for Overcoming Matematics Anxiety** (mimeo.). The Institute for Advanced Study, Princeton, New Jersey, 1980.

WHITNEY, H. Taking responsibility in school mathematics education. *The* **Journal of Mathematical Behavior**, v. 4, n. 3, p. 219-235. Dez. 1985.

Central de Atendimento
E-mail: atendimento@editoradobrasil.com.br
Telefone: 0300 770 1055

Redes Sociais
facebook.com/editoradobrasil
youtube.com/editoradobrasil
instagram.com/editoradobrasil_oficial
twitter.com/editoradobrasil

Acompanhe também o Podcast Arco43!

Acesse em:

www.editoradobrasil.podbean.com

ou buscando por Arco43 no seu agregador ou player de áudio

Spotify · Google Podcasts · Apple Podcasts

www.editoradobrasil.com.br